谨以此书

献给所有为中国航天事业做出贡献的人

U0222476

科普中国创作出版扶持计划

CHASING DREAMS

中国载人航天之路

【青少年图文版】

兰宁远 ///

著

北方联合出版传媒(集团)股份有限公司
万卷出版有限责任公司

图书在版编目（CIP）数据

逐梦太空：中国载人航天之路：青少年图文版/兰宁
远著.—沈阳：万卷出版有限责任公司，2022.11（2023.9重印）
ISBN 978-7-5470-6087-2

Ⅰ.①逐… Ⅱ.①兰… Ⅲ.①航天－青少年读物
Ⅳ.①V-49

中国版本图书馆CIP数据核字（2022）第173778号


出 品 人：王维良
出版发行：北方联合出版传媒（集团）股份有限公司
　　　　　万卷出版有限责任公司
　　　　　（地址：沈阳市和平区十一纬路29号　邮编：110003）
印 刷 者：辽宁新华印务有限公司
经 销 者：全国新华书店
幅面尺寸：160mm×230mm
字　　数：250千字
印　　张：18
出版时间：2022年11月第1版
印刷时间：2023年9月第2次印刷
责任编辑：张洋洋
责任校对：张　莹
封面设计：杜　江
版式设计：汤　宇
ISBN 978-7-5470-6087-2
定　　价：58.00元
联系电话：024-23284090
传　　真：024-23284448

# 序 一

"探索浩瀚宇宙，发展航天事业，建设航天强国，是我们不懈追求的航天梦。"中华民族作为最早产生飞天梦想的民族，在迈向太空的壮阔征程中，走过了一条艰辛而漫长的探索之路。

新中国成立后，科学技术的发展日新月异，航天工作者们奉献给世界的是一个又一个自主创新、自强不息的壮举。特别是改革开放以来，科技是第一生产力的观念得到了社会的广泛认同，科技创新的成果在航天领域不断涌现。起步于20世纪90年代的载人航天工程，成为了航天史上的又一座丰碑。从工程立项、研制到实现"三步走"战略目标，这一系列的突破与跨越，标志着中国已经全面开启了航天强国建设新征程。

作为载人航天工程的一名亲历者，我有幸参与和组织了工程的论证、立项和研制工作。在党中央、国务院和中央军委的科学决策和坚强领导下，我同千千万万的航天人一起知难而进、并肩作战、同舟共济、攻坚克难，奋力占领航天科技的制高点，共同见证了一份伟大事业创立的艰辛和成功的辉煌。

载人航天工程的发展进步，是国家力量、民族智慧和创新精神的生动体现，用文学的形式把这一跨世纪工程的发展历史系统地书写出来，在弘扬科学精神、增强民族自信心和普及科学知识的同时，对提升全社会的创新发展意识水平，实现中华民族复兴的中国梦，具有非常重要的现实意义。

当看到《逐梦太空：中国载人航天之路》的书稿时，我的记忆随着生动感人的文字和图片，回到了那段难忘的岁月当中。这部作品围绕着载人航天工程历史性的突破和重大跨越，客观真实地再现了一段波澜壮阔的研制和发展历程，书中记述的很多人和事、很多场景和画面都清晰地浮现在我的眼前，我再次被航天工作者以国为重、坚韧顽强的拼搏和奉献精神所感动。可以说，这是一部思想性、艺术性和科学性高度融合的优秀作品。

《逐梦太空：中国载人航天之路》的作者兰宁远同志是一位长期在航天战线工作的作家，创作了不少航天题材的优秀作品。他对载人航天工程有着深入的了解和认识，辉煌的事业激发着他的创作热情，创业者的精神净化着他的灵魂，他将满腔的激情倾注于笔端，谱写出了一曲载人航天工程的恢宏诗篇。

2022 年我们将全面完成中国空间站的在轨建造，又恰逢中国载人航天工程立项实施 30 周年。《逐梦太空：中国载人航天之路》在这个时候出版很有意义。我相信，通过这本书可以让更多的人全面、准确地认识和了解中国载人航天工程，特别是在青少年中，形成学科学、爱科学的良好氛围，产生积极的社会影响。

是为序。

沈荣骏

2022 年 9 月 21 日

沈荣骏，中国工程院院士，航天系统工程战略科学家，中国载人航天工程首任副总指挥，中国北斗卫星导航工程、探月工程顾问，原国防科工委副主任，中将军衔。

# 序 二

2022 年是中国载人航天工程实施 30 周年，在这个特殊的年份，写给青少年的《逐梦太空：中国载人航天之路》即将出版，作为从起步开始直接参与组织实施工程的一名亲历者和见证者，我由衷感到高兴。

探索浩瀚宇宙是全人类的共同梦想，飞天梦是强国梦的重要组成部分。实施载人航天工程，是党中央审时度势、高瞻远瞩，立足世界科技革命迅猛发展的时代背景，着眼我国社会主义现代化建设全局，为推动科技进步和创新，提升综合国力做出的一项重大战略决策。

从 1992 年 9 月中央批准载人航天工程立项至今，在迈向太空的征程中，中国的航天工作者们经过艰辛的探索和奋斗，取得了举世瞩目的辉煌成就。从运载火箭到"神舟"系列飞船，从航天英雄首次飞向太空，到第一次太空漫步；从神舟、天宫实现"太空之吻"，到女航天员的首次出征；从航天员首次入驻"天宫"，到中国空间站建成……在建设航天强国的征途上，我们走出了一条"自主创新，重点跨越，支撑发展，引领未来"的具有中国特色的飞天之路，培养造就了一支站在世界科技前沿、勇于开拓创新的高素质人才队伍；探索形成了大型工程建设现代化管理模式；培育铸就了"特别能吃苦、特别能战斗、特别能攻关、特别能奉献"的载人航天精神，向世界展示出强大的中国精神和中国力量。

《逐梦太空：中国载人航天之路》的作者兰宁远同志曾亲历载人航天工程的大部分研制过程，积累了丰富的创作素材和生活体验。他以饱含深情的笔墨，通过追寻各大系统可歌可泣的典型事件，记录了工程从起步到跨越的辉煌业绩；通过对感天动地的代表人物的描写，展现了几代航天科技工作者以及航天员群体勇攀高峰、锐意创新的精神风貌；通过对载人航天精神的挖掘，奏出了我国从航天大国向航天强国迈进的时代强音。

仰望星空是我们每一个人的梦想，《逐梦太空：中国载人航天之路》作为一部让人激动落泪、催人昂扬向上的好作品，是作家用艺术的表达参加科学推广和普及的一种方式，在增强民族自信心、弘扬科学精神、普及科学知识方面，相信会产生积极的社会影响。

希望航天工作者和广大读者在新时代不断攀登科学高峰，创造中国航天事业新的辉煌。

<br>

2022 年 9 月 21 日

刘纪原，国际宇航科学院原副主席、院士，原国家航空航天部副部长、国家航天局首任局长、原中国航天工业总公司总经理、中国载人航天工程首任副总指挥。

# 目 录

**启航**

新中国的飞天曙光 / 004

秘密工程"921" / 017

挺进太空的蓝图 / 025

**跨越**

太空"婚礼" / 046

铸造"神箭" / 057

展开"神舟"双翼 / 064

**圆梦**

千里挑一的选拔 / 076

不平坦的通天大道 / 088

中国人来到太空了 / 110

## 飞 天

一个跟头翻出的荣耀 / 122

从"海鹰"到"飞天" / 135

五星红旗太空飘扬 / 152

## 约 定

银河"鹊桥会" / 162

天上传来中国好声音 / 177

## 家 园

空间站从这里起飞 / 188

"天和"入列 / 218

天上有了中国家 / 223

摘颗星星带回家 / 235

筑造天上宫阙 / 250

尾声：中国"天宫"欢迎你 / 270

时光进入2022年，步入而立之年的中国载人航天工程，在九天之上建起了自己的天上宫阙，奏响震惊寰宇的和韵天歌，茫茫宇宙中从此有了属于中国的太空家园……

启 航

# 新中国的飞天曙光

在世界历史上，远洋航海技术的兴起，促进了世界贸易的发展、世界市场的开辟和近代科学的繁荣，开始了"全球文明"的时代。当今，载人航天技术的兴起，使人类走出了地球摇篮，到达浩瀚无垠的太空，开启了"太空文明"的时代。在这个时代中，"地球是人类生存之本和一切物质财富之源"的断言已经过时，而宇宙空间以其无穷无尽的宝贵资源吸引着人们去开发和利用。

时光进入20世纪，世界上的一些大国将探索太空奥秘、寻找能够利用的空间资源的目光瞄准了距离地球300—500千米之遥的太空。那里是陆地、海洋和大气层之外的新空间，有太阳能、强辐射、高洁净、高真空、微重力、大温差、高远位置，以及月球、火星、小行星上的稀有矿藏等很多地球上所缺乏的资源，在这个轨道高度上运行的载人航天器可以进行地球环境与资源探测、开展生命科学和空间医学实验、进行卫星释放等太空活动。

第二次世界大战后，美国和苏联开始投入大量人力、物力进行航天领域的探索，展开了一场此起彼伏的太空竞赛。1961年，苏联航天员加加林率先完成了人类的首次太空飞行。1965年，苏联航天员列昂诺夫实现了人类首次的太空行走。1969 年，"阿波罗号"飞船载着美国航天员阿姆斯特朗等三人首次完成了人类神奇的月球之旅。

20 世纪 50 年代中期，新中国初建，抗美援朝战争的硝烟还未散尽，百废待兴。刚刚从战火中走出来的中国人，从过去百年的屈辱史中深刻地体会到落后就要挨打的道理，新中国的领导人提出了"向科学进军"的目标，明确要以原子弹和导弹为重点，发展尖端科学技术事业，迅速赶上世界先进水平。

1955 年 1 月 15 日，党中央做出发展航天事业和原子能的重大决策，拉开了中国火箭、导弹、人造卫星研制的序幕。这一年，享誉世界的科学家钱学森在海外冲破重重阻力，归国参加科研攻关。

1956 年是中国航天史上一个值得永远记忆的年份。按照中央领导的指示，2 月 17 日，钱学森向中央提交了他回国后的第一份建议书《建立我国国防航空工业的意见书》，第一次系统地提出了发展我国航天技术的建议，对中国火箭和导弹技术的发展提出了极为重要的实施方案。报告受到了中央的高度重视。

中国航天事业发展初期的主要任务是为国防建设研制各类导弹。导弹的发射、飞行过程实际上就是火箭技术的一部分，特别是弹道导弹，起飞后直接冲出了大气层，在太空飞行的部分，更是需要雄厚的航天技术来支撑。

1956 年金秋的一天，国防部第五研究院正式成立，国防部五局的副局长钱学森兼任第五研究院的院长。这一天是 1956 年 10 月 8 日，中国火箭、导弹事业正式启动奠基。这一天后来也被作为中国航天事业创建的纪念日。

1958 年 1 月，钱学森等著名科学家联合向中央提出了一份建议，描绘出一个大胆而浪漫的设想——上天、入地、下海。上天，就是发展人造卫星和载人航天；入地，说的是探测地球深部资源的核心技术；下海，指的是研制建造中国的海军潜艇。

1958 年 5 月 17 日，党的八大二次会议做出了"我们也要搞人造卫星"的战略决策。中国人造卫星的研制工作正式拉开帷幕。在当时没有运载工具的情况下，钱学森等科学家认为，中国的卫星计划应先从探空火箭开始。

探空火箭的研制工作进行得非常艰苦，在许多基本条件都不具备的情况下，著名的卫星和卫星返回技术专家王希季等人以土法上马，没有电子计算机就用电动计算机和手摇计算器，甚至干脆靠打算盘来进行计算。为了计算出完整的飞行弹道，三个人一组，两人负责计算，一人负责校对，几个小组轮班倒，夜以继日地干。没过多久，光是演算纸堆起来就比桌子还要高。然而，忠诚和信仰是必要的，但还是要讲究科学规律，迅速赶上世界先进水平的强烈愿望，使他们忽略了国家的工业基础和技术实力，他们设计的型号为 T–3、T–4 的第一、二级火箭，由于指标过高而被迫放弃；T–5 火箭虽然完成了设计、制作和总装，但最终只能成为展览馆中的陈列品。

面对一再受挫的严酷现实，王希季渐渐地冷静下来，他认识到承担一项前所未有的国家工程，目标与技术途径必须适合国情和现实基础，否则只能是欲速则不达。经过反复思考，他理清了思路，从中国国情出发，以技术难度较小的无控制探空火箭为突破口，循序渐进地创造条件，等适当的时候再开始运载火箭的研制。

新的建议被采纳后，王希季从曾经急于求成的心理中走了出来，改用稳扎稳打的战略战术，开始了型号为 T-7 的无控制探空火箭的研制工作。为了确保研发顺利，他先从模型火箭 T-7M 入手。设计过程中，王希季时刻提醒自己，要密切结合我国的实际，清楚了解此项技术和产品所处的社会环境和工程环境，在准确定位的基础上选择适当的技术途径。100 天后，王希季拿出了液体推进剂探空火箭 T-7M 的设计方案：飞行高度为 8—10 千米，有效载荷 19 千克。

1960 年 2 月 19 日，黄浦江畔的上海还沉浸在过年的气氛中，距离南汇县老港镇大约 2 千米的东进村的荒凉海滩上，则是一派紧张忙碌的景象。我国第一枚液体推进剂探空火箭 T-7M 静静地竖立在 20 米高的发射架上。

当时的发射设施非常简陋，发电机、起重卷扬机、望远镜都是临时借来的。指挥员没有电子对话设备，下达口令全凭扯着嗓子喊和挥舞信号旗；没有为火箭加注推进剂的设备，加压设备用的是自行车打气筒；没有专业的遥测设备，遥测数据的接收靠的是利用手动天线来跟踪火箭飞行……

"点火！"指挥员一声令下，现场的人员屏住了呼吸。一阵轰鸣过后，发射架下浓烟四起，火箭迅速冲出发射架，直冲云天。试验成功了，王希季喜极而泣。

T-7M火箭是后继实用型探空火箭的缩比试验型号，飞行高度虽然只有8—10千米，但却验证了火箭设计、生产工艺和试验技术的正确性，迈出了中国探空火箭技术具有工程实践意义的重要一步。

1964年7月19日，中国第一枚生物火箭T-7A（S1）在安徽广德发射成功，把8只大白鼠送上80千米的高空。当时，中国还没有掌握回收技术，火箭只是到达80千米的高空，然后把回收舱弹出，降落伞打开，回收舱降落在地面。1965年6月1日和5日，又进行了两次相同的试验，飞行高度达60—70千米。研究人员在每枚火箭的箭头都装载了4只大白鼠和4只小白鼠，以及12支分别装有果蝇、须酶等样品的生物试管。通过大白鼠在飞行过程中的心电图变化曲线和血液理化分析，研究太阳辐射的影响；通过大白鼠由超重到失重状态的姿态变化，观察飞行环境和高空环境对动物组织器官的影响。同时，对回收后的白鼠和果蝇进行繁殖试验，观察飞行环境和高空环境对遗传的影响。

在大白鼠成功"飞天"之后，1966年7月，广德县的发射架又迎来了一枚新的生物火箭，不过，这次的乘客身材要比白鼠大好多倍。这是在小型动物飞行试验后，即将开始进行的大型动物飞行试验，要把小狗送上天。

T-7M 火箭第四次发射时，钱学森等在上海南汇发射场现场指导

上天的小狗，要经过严格的选拔，除了身体健康、反应灵敏、性格温和、善解人意之外，对体重也有明确的要求，太胖不行，太瘦也不行，最好在 6 千克左右。按照这个标准，工作人员精心挑选了 30 多只符合条件的小狗，最终遴选出一只小公狗"小豹"和一只小母狗"珊珊"。

1966 年 7 月 15 日，"小豹"被装进 T-7A（S2）生物火箭，第一个上天，成为我国生物试验火箭的首个大型动物乘客。"小豹"被送上了离地面近 100 千米的高空，正在空中搜寻的空军直升机和地面的民兵战士密切注视着天空，终于，吊着生物舱的降落伞出现在众人的视野中，地面顿时欢腾起来，"小豹"受到了英雄

1960 年 9 月，使用国产燃料的苏制 P-2 近程地地导弹起飞

1960 年 11 月，"东风一号"导弹进入发射厂房作吊装测试

般的欢迎。

在"小豹"归来十几天后，1966年7月28日，"珊珊"被装进T-7A（S2）生物火箭，成为第二个生物试验火箭的大型动物乘客。"珊珊"同样安然回到了地面，欢快地摇动着尾巴。

这两次飞行试验中，火箭上的设备准确地记录了小狗的心率、血压、呼吸和体温等生理参数，用条件发射试验装置观察了小狗的高级神经活动，为航天医学的发展积累了宝贵的经验。

与此同时，"两弹一星"的研制成功，使中国在世界航天科技领域占有了一席之地。"东方红一号"卫星成功发射后不久，钱学森主持召开"宇宙飞船规划会议"，计划在1973年至1975

乘坐探空火箭进行生物试验的小狗

长征二号运载火箭发射成功

年间，发射我国第一艘载人宇宙飞船。当时的设想是，飞船以技术比较成熟的美国第二代飞船"双子星座号"作为蓝本，由座舱和调配舱两个舱段组成，运载两名航天员，这个规划被命名为"曙光一号"。

1970年7月14日，中央批准了《上马宇航工业》的报告。"宇航员训练筹备组"开始着手选拔航天员。选拔小组参照苏联和美国的经验，制定了中国的航天员选拔标准，必须是空军现役飞行员，身高1.59米至1.74米，年龄24岁至38岁，体重55千克至70千克，飞行时间300小时以上。

经过一轮又一轮的选拔，全军1840名飞行员中，只有215名符合初选条件，接着从中选出88名，集中在北京进行下一轮选拔，选拔后剩下了33人。最后，从这33人之中选定了身体健康、思想坚定和飞行技术过硬的19人，成为中国待训宇航员。

按照计划，这19名宇航员将在1971年11月起正式开始训练，两年之后，选拔出两人乘坐"曙光一号"飞向太空。然而，1971年国庆节前不久，19名宇航员还没有开始训练，就接到紧急通知，暂停训练，返回原单位，并对这段经历严格保密。两个月后，"宇航员训练筹备组"宣布解散。

"曙光一号"计划的下马，主要是因为处在动荡时期的中国，无论是经济能力、工业基础，还是设计、制造工艺，特别是航天发射、测控水平都很落后，远不具备开展这一庞大系统工程的条件。

虽然"曙光一号"计划搁浅了，但是钱学森那一批科技精英们，

我国第一颗返回式卫星返回地面

并没有放弃飞天的梦想，依然在执着地前行着，他们把目光投向了返回式卫星的研制。

1975 年 11 月 26 日，长征二号运载火箭将我国的第一颗返回式卫星送入近地点 173 千米、远地点 483 千米、轨道倾角 63 度的预定轨道，绕地球一圈 91 分钟。卫星在轨运行 3 天后，携带着所取得的遥感试验资料，按计划在四川中部安稳着陆。首次回收卫星获得成功，意味着我国已攻克了变轨、再入大气层、防热和回收等技术难关，成为继美、苏之后世界上第三个掌握了卫星返回技术的国家。

# 秘密工程"921"

20 世纪 80 年代以后，航天成为世界各国高科技发展的主流之一，中国作为一个有着飞天传奇的文明古国、一个正在崛起的国家，没有理由缺席。中国航天事业瞄准国际水平迈开了赶超的步伐。

1977 年，第一支远洋航天测量船队起锚远航；1980 年，第一枚洲际运载火箭飞向太平洋；1981 年，一箭三星成功发射；1982 年，首次潜艇水下发射运载火箭获得成功；1984 年，第一颗试验通信卫星东方红二号被送入地球同步轨道，在赤道上空进行了通信、广播、电视传输试验……

1986 年春天，在一个玉兰飘香的日子，时任中国科学院技术科学部主任王大珩和时任国防科工委科技委专职委员、航天测控专家陈芳允一起参加了一次会议，谈到世界高科技变革形势时，两人都认为谁能把握住高科技领域的发展方向，谁就能在国际竞争中占据优势，因此我国应该拥有自己的高科技。会后，陈芳允意犹未尽，连夜来到王大珩家中，说："要不要写个东西，把咱们的想法向中央反映反映？"

"东方红一号"人造地球卫星

王大珩点点头说："对，应该让国家高层了解我们的想法，为国家决策提供些帮助。"

陈芳允走后，王大珩当即拧亮台灯，铺开信纸，伏在案头，一笔一画地写下这样一行字："关于跟踪研究外国战略性高技术发展的建议"……建议写完了，王大珩感觉仅凭自己和陈芳允两个人的力量还不够，第二天清晨，他又找到了时任核工业部科技委员会副主任王淦昌和时任航天部空间技术研究院科技委员会副主任杨嘉墀。这两位科学家听到这个想法后，也非常赞同，和王大珩一起斟酌修改了建议信。

……我们四位科学院学部委员关心到美国"战略防御倡议"（即"星球大战计划"）对世界各国引起的反应和采取的对策，认为我国也应采取适当对策。为此，提出了《关于跟踪研究外国战略性高技术发展的建议》。现经我们签名呈上。敬恳察阅裁夺。

四位科学家建议国家制定"高新技术发展规划"，主要基于以下原因：真正的高技术是花钱买不来的；高科技研究的实效是要花力气和时间的；提高技术不仅可以集中现有的科研实力出成果，而且可以培养新一代高技术人才；等等。在这个建议中，载人航天的研究被列入中国未来高科技发展的重中之重。

这个建议受到了中央的高度重视，立即通知有关部委、院、所，组织了几百名专家，进行了周密的调查论证。8个月后，中共中央、国务院批准了一项具有深远意义的重大决策——《国家高技术研究发展计划纲要》。由于促成这个计划的建议的提出和得到批示都是在1986年的3月，所以称之为"863计划"。

"863计划"的内容非常丰富，其中，航天技术是7大领域中的第2领域，两大主题项目都与载人航天工程紧密相关：大型运载火箭及天地往返运输系统、载人空间站系统及其应用。

尽管"863计划"中有明确的载人空间站及其应用项目，但在经济状态虽有所好转，却并不是十分富裕的中国，搞载人航天这样高投入、高风险的事业，是否能够获得对长远发展有实际效益的高回报，引起了人们的争论。

一种意见认为，中国航天事业经过30多年的努力，已建成了具有相当规模、专业齐全、完成配套的研究、设计、试验、研制、生产、发射和测控体系，完全有能力开展载人航天。另一种意见认为，载人航天投资大，风险更大，而且，国家并不富裕，很多人连温饱都没有解决，不应该搞一些没有经济效益的事情。持两种意见的人们各抒己见，引发了"为什么搞载人航天和值不值得搞载人航天"的旷日持久的激烈争论，不只在其他领域，就是在航天战线的领导和专家们之中也长期存在着这样的分歧。于是，中央决定先安排概念研究，进行充分论证之后，再行决策。

在这场堪称"百花齐放"的科学会战中，任新民、屠善澄、黄纬禄、梁守槃等航天界的知名专家夜以继日地整整论证了26天。他们得出的结论是：中国应该着手开展载人航天的研制，这是科技工作者的历史重任。

1987年2月，"863计划"航天技术专家委员会正式成立，委员会会集了国内航天领域的顶级专家，屠善澄为首席科学家，王永志、闵桂荣、黄克成、顾诵芬、李自广、胡文瑞为委员。在屠善澄的组织下，专家们对我国航天技术的总体方案和具体途径进行了全面论证，并同时成立了两个主题项目专家组，分别由钱振业和韦德森任组长。

中国载人航天发展的第一步怎么走、起点多高、与后续发展如何衔接，这些是必须首先解决的问题。1987年4月，专家委员会发布了《关于大型运载火箭及天地往返运输系统的概念研究和可行性论证》的招标通知。短短一个多月时间里，各竞标单位就提出了11种可供选择的技术方案。大型运载火箭及天地往返运输系统专家组从中筛选出了空天飞机、火箭航天飞机、小型航天飞机、可部分重复使用的小型航天飞机、多用途载人飞船等 5 个方案。

20 世纪 80 年代中期，正是世界航天飞机发展的黄金时期，美国的"哥伦比亚号"和苏联的"暴风雪号"已飞入了太空，日本、欧洲也都在着手研制航天飞机……从飞船到航天飞机，是一种技术上的进步，这种思想也影响着中国航天专家们的判断。论证结果评审会上，专家们的意见集中在载人飞船和小型航天飞机之间，并倾向于采用小型航天飞机方案。

1989 年 8 月，大型运载火箭及天地往返运输系统项目专家组组长钱振业将一份厚厚的报告送到了钱学森的案头，这便是专家委员会即将呈送国家航天领导小组办公室拟报中央的方案。为了慎重起见，国家航天领导小组在正式上报中央之前特意征求钱学森的意见。钱学森戴上花镜，一字一句地读了起来。报告中说：载人飞船作为天地往返运输手段已经处于衰退阶段，航天飞机可重复使用，代表了国际航天发展潮流，中国的载人航天应当有一个高起点……

钱学森深知航天飞机的绝对优势，但航天飞机是在大飞机基础上研制的高度复杂的航天器，显然不是当时中国国情、国力和科技水平所能承担制造的。他拿起钢笔，在这份报告上慎重地写上了一句话："应将飞船案也报中央。"钱学森的建议只有 9 个字，但却是经过深思熟虑的，也清晰地表达了他的主张。

根据钱学森的建议，受航空航天部的委托，庄逢甘、孙家栋

国家"863计划"专家委员会专家组在〇六七基地考察

20世纪80年代，钱学森（左二）在航天试验任务现场

两位专家主持召开"航天飞机与飞船的比较论证会",从技术可行性、国家经济能力和技术风险等方面进行比较,最后在二者之间选择其一。这次会议上,专家们接受了钱学森的建议,认为中国的载人航天要适合国情,一步一个脚印,稳步推进,从载人飞船起步。1991 年 11 月,航空航天部最终形成了《关于我国载人飞船工程立项的建议》。

"1992 年,又是一个春天,有一位老人在中国的南海边写下诗篇……"与时代同步,中国的载人航天事业在这一年也步入了希望的春天。1992 年 1 月 8 日,中央专委会议做出决定:从政治、经济、科技、军事等诸多方面考虑,立即发展我国载人航天是必要的。我国发展载人航天,要从载人飞船起步。会后,原国防科工委和航空航天部迅速成立载人飞船工程论证领导小组,由时任国防科工委主任丁衡高出任组长。

丁衡高接过这一重担后,首先想到的是人才和队伍的问题,他约见的第一个人是火箭专家王永志。

1932 年出生的王永志,1961 年从莫斯科航空学院毕业后立即投身于我国多种火箭的研制工作。他是中国工程院的首批院士、国家最高科技奖获得者、俄罗斯宇航科学院外籍院士、国际宇航科学院院士。"863 计划"实施后,王永志被聘为航天领域专家委员会的 7 名成员之一,主要负责天地往返运输系统和大型运载火箭的论证工作。1992 年,刚刚迈入花甲之年的王永志,已从中国运载火箭技术研究院院长调任航空航天部科技委担任副主任。

1992年1月17日下午，王永志如约来到丁衡高的办公室。丁衡高向王永志传达了中央专委会议的决定，并告诉他："载人航天工程就要上马了，今天请你来，是告诉你一个决定，由你出任技术经济可行性论证组的组长。"说这番话时，丁衡高眼神中透出的信任和热忱让王永志情不自禁地伸出双手，和他的手紧紧相握。

在王永志的带领下，200多名专家会集北京，开始技术经济可行性论证。1992年6月初，论证组提出了我国载人航天工程分"三步走"的建议：第一步，发射载人飞船，建成初步配套的试验性载人飞船工程，开展空间应用实验；第二步，突破航天员出舱活动技术、空间飞行器的交会对接技术，发射空间实验室，解决有一定规模的、短期有人照料的空间应用问题；第三步，建造空间站，解决有较大规模的、长期有人照料的空间应用问题。

1992年8月1日，中央专委会议审议通过了王永志主持起草的《技术经济可行性论证报告》。8月25日，中央专委向中央正式递交《关于开展中国载人飞船工程研制的请示》，建议中国的第一艘无人飞船争取在1998年、确保在1999年首飞。9月21日，中央政治局常委会批准了载人航天工程"三步走"的战略蓝图。中央认为，开展载人航天工程在政治、经济和科技领域具有重要意义，也是综合国力的标志。这一天，我国历史上规模最大、系统组成最复杂、技术难度最高、协调面最广的国家重大工程——载人航天工程正式启动，根据会议举行的时间，工程代号为"921"。

# 挺进太空的蓝图

　　1992 年年末，按照中央"静静地、坚持不懈地、锲而不舍地去搞，多干少说、只干不说，不报道、不宣传"的要求，载人航天工程悄无声息地开始了实实在在的行动。工程立项时由工程总体和七大系统组成，七大系统分别是：航天员、空间应用、载人飞船、长征二号 F 运载火箭、发射场、测控通信和着陆场系统，这七大系统相互关联，成为整体。11 月 3 日，载人航天工程第一次会议召开，中央专委任命了工程的负责人：工程总指挥丁衡高，副总指挥沈荣骏、刘纪原，总设计师王永志。随后，各系统也分别建立了行政和技术两条指挥线和总指挥、总设计师联席会议制度。

　　工程启动后的第一道程序就是方案设计，主要任务是：攻关键，定方案，抓短线，建立协作配套网，创建研制条件。为了将方案做得踏实可靠，工程"两总"决定先用 3 个月的时间，对可行性论证时提出的方案进行复议确认。之所以有这个安排，是因为在可行性论证期间，航天员系统提出的载人飞行前应安排动物搭载试验的建议，尚未达成共识；发射场系统上报的"三垂"方案还是"暂定"；着陆场系统将河南黄泛区作为主着陆场的方案，还没有实地勘察；飞船系统的轨道设计还没有完成……工程研制即将启动，这些悬而未决的问题，必须做出明确的回答。

苏联在首次载人飞行前，发射了 7 艘试验飞船；美国在载人飞行前进行了 8 次无人飞行试验。两国在载人飞行之前，都进行了动物搭载试验。我们怎么办？航天员系统的技术负责人认为先送大动物上天试验比较保险。而王永志却认为，人能不能上天，国外的实践已经证明过了。世界上有几百位航天员都上过天，而且，从太空返回后照样能够生儿育女。这就说明，人可以适应升空和返回段的过载，也能适应飞船在轨运行的失重状态。我们没有必要从猴子、从狗开始试验。上动物能起到的作用，无非是两个：一是测定耐受失重、超重的能力；二是依靠动物不断消耗氧气，排出二氧化碳，来考核飞船自动补充氧气和消除二氧化碳的能力。而根据当今的科技水平，要实现这个目的，不用非上动物不可。只要做一个模拟人代谢的装置就足够了。这样，不仅可以节省经费，更重要的是节省时间。如果不创造性地前进，和发达国家航天技术40年的差距，什么时候才能赶上！听了王永志的这番分析，时任航天员系统总指挥魏金河和总设计师杨天德也同意了这一意见。

在进一步进行调研和论证的基础上，确定由中国科学院大连化学物理研究所研制安装在飞船上的拟人代谢装置。这个装置利用物理和化学原理，可以模拟 3 个人的代谢规律，不断地消耗氧气并释放出二氧化碳。这样在无人飞行试验中，就可以全面在轨

中国载人航天工程原副总指挥沈荣骏（左）与中国载人航天工程原副总指挥栾恩杰（中）、总设计师王永志（右）在酒泉卫星发射中心

考核飞船的环境控制能力。这套装置仅耗费了 600 万元人民币，大大地节省了开支。

1994 年 10 月 28 日，在北京北郊一个叫"唐家岭"的地方，开始奠基兴建一座现代化的航天城，负责总体建设的是原国防科工委副主任、载人航天工程副总指挥沈荣骏。

沈荣骏是我国航天测控网和电子对抗技术试验场建设的主要奠基人之一，为我国航天测控网的建设并跨入世界先进行列做出了突出贡献，也是中国航天走向国际市场的主要开创者之一。

航天城怎么建？工程总体明确，国防科工委负责建两个中心：航天员训练中心和航天指挥控制中心；航空航天部负责建飞船总装测试中心。这三个中心如何建设，在沈荣骏的脑海里早有一幅宏伟的蓝图。他认为，一定要把三个中心建在一起，这样有利于

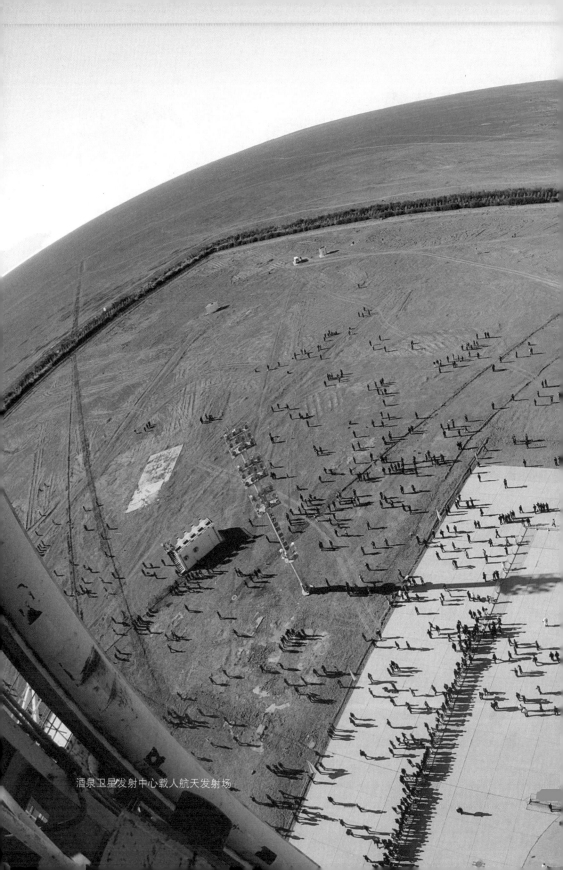

酒泉卫星发射中心载人航天发射场

工作协调，而且方便人员生活。为此，他拟定了三条选址原则：一是不准移民；二是三个中心按照一个整体统一规划；三是方便生活。依据这个指导思想，沈荣骏选定了北京北郊的唐家岭。地址选好以后，他又找到北京市政府的领导，得到北京市党政机关的大力支持，同意征地3000亩，并预留1400亩。在工程建设的程序上，北京市人民政府特事特办，边报批、边规划、边建设，为工程顺利推进争取了大量时间。

1998年5月，在距离我国第一艘飞船发射只剩下1年5个月时，一座现代化的北京航天城宣告建成，其宏伟壮观的程度可以和欧洲的航天试验中心相媲美。

中国载人航天的发射场选在哪里，对工程的发展来说，是一个重要的问题。经过1年多的地理考察，专家们一致认为，酒泉卫星发射中心最为合适。

酒泉卫星发射中心的前身曾经是我国首个陆上综合试验靶场，始建于1958年，位于甘肃省酒泉市和内蒙古自治区额济纳旗交界处，是中国建设最早、规模最大的航天发射场。我国第一枚导弹在这里起飞，第一颗人造卫星从这里上天，第一枚洲际运载火箭从这里飞向太平洋，积累了丰富的实践经验和雄厚的技术基础，拥有完善的测量、控制、通信、气象、计量、铁路运输、发供电设施设备，可完成多种轨道卫星的测试发射任务，具有良好的载人航天发射试验基础。而且，这里处于戈壁平原地带，人烟稀少，地势平坦，视野开阔，气象条件优越，对跟踪测量的限制小，发

1993年，王永志（左四）、李元正（右三）、王建蒙（左三）等专家在日本种子岛航天发射场考察

射前后航天员应急救生条件极好，年可发射时间长达300多天。还有一点，酒泉卫星发射中心距离城市远，环境艰苦，利于保密，符合"只干不说"的原则。

但是，原有的发射场已不适应今后的载人航天发射，需要新建一座专门用于载人航天的新发射场。

1993年3月4日，是发射场系统向工程总体提供发射点建议决策的日子。国防科工委派出一个定点勘察组，载人航天工程技术经济可行性论证组办公室副主任王建蒙带队来到发射场。工作人员拿来一根一米多长包裹着红绸子的木桩。发射中心主任李凤洲兴奋地说："这里将是我们向上级建议的未来载人火箭的发射点。我提议由王建蒙同志举锤砸桩。" 王建蒙接过大锤，落下了具有历史意义的一锤。

王建蒙等勘察组成员回到北京后，立即向丁衡高和沈荣骏做了汇报，他们表示赞同，随即向中央请示获得批准。不久后，一望无际的大漠戈壁上开始了热火朝天的工程建设。

1994年7月3日，载人航天发射场在大漠深处奠基。时任发射中心主任、发射场系统总指挥李元正把方案设计工作交给了发射场系统总设计师徐克俊。他对徐克俊说："一定要拿出一个具有世界先进水平的发射场方案。"

徐克俊不负众望，归纳了世界上工艺流程最先进的技术资料，并拿出了当时具有国际先进水平的垂直组装、垂直测试、垂直整体运输和远距离测试发射控制的"三垂一远"发射模式。这种发射模式可以最大限度地减少技术状态的变化，大幅度提高载人发射的安全性和可靠性，而且具备短时间内连续发射的能力，同时满足未来空间站应急救援发射的需求。

1998年春节刚过，空旷的戈壁滩上奇迹般地矗立起一座巍峨的厂房。雄伟的发射塔和蓝白相间的双工位垂直测试厂房遥遥相对。两条相隔十多米的铁轨从垂直测试厂房大门一直延伸到发射塔下的导流槽两旁，这就是用于火箭垂直转运的铁轨，笔直而光滑。

1998年5月，载人航天工程在发射场进行第一次合练，所有的大型地面测试设备、庞大的电缆中枢在合练中铺设完成，工作人员通过合练，掌握了基本的发射流程，合练取得成功。

航天员和飞船返回是载人航天飞行的最后一个环节，如果把载人飞行比作一场太空接力，那么着陆场就是最后一棒。工程立项之初，在中国960万平方千米的疆域中，选择一块2000平方千米的平坦区域不难，但要找到一块既能够满足着陆条件，又符合飞船轨道要求的区域并不简单。1993年2月至1996年10月，工程指挥部组织人员对河南、四川、内蒙古、辽宁、甘肃、新疆等省区境内所有理论上适宜飞船着陆的地方，经过6次大规模的实地勘察，动用直升机17架次，车辆行程23500千米，勘察面积达18万平方千米，初步将主着陆场选在河南开封至驻马店以东长约200千米、宽约100千米的范围内。

　　1993年2月初，王永志前往河南进行地面详细勘察。望着星罗密布的村庄、茂密的树林和随处可见的柴草堆，他意识到，树木和建筑多，势必会影响飞船的降落，而村庄多意味着人口密度大，飞船降落前就要疏散群众，不仅存在安全隐患，而且还扰民。这里不是王永志心目中理想的着陆场，他想另选新址。但原方案中央已经批准，这个"马后炮"要不要放？王永志考虑再三，为了对国家负责，对工程负责，他还是提出了改址的建议。有人提醒他说，着陆场的位置变化会带来一系列技术上的变化，轨道倾角、搜索救援回收的设施和设备配置、测控通信系统的布局都要改变。而且，原定着陆场尽管存在隐患，但飞船降落时撞到建筑物和树木的概率很小，稍加注意就可以避免。更重要的是，选址方案已经向中央报告过了，如果这时提出要改，中央会怎么想？

　　这些话并没有动摇王永志的决心："我们干载人航天不是打几艘飞船就完了，降落一两次很可能不会出问题，但要是方案留有隐患，迟早会出事。如果因为选址不当，造成的后果是人命关天的，那时我们又怎么向中央交代？"王永志认为，如果从全局出发，把着陆场调整与飞行轨道优化设计联系到一起考虑，不仅可以解决着陆的安全问题，更重要的收获是飞船返回主着陆场的机会增大了，航天员的安全性更高了，花再大的代价都是值得的。

回到北京后，王永志向有关领导做了汇报，丁衡高和沈荣骏都支持他的意见，决定主着陆场改址。

1993年6月，王永志一行14人直奔内蒙古大草原。他们的视野聚焦在了四子王旗的阿木古郎草原。这片草原处在大青山北麓，南高北低，海拔1000—1200米，地势宽阔平坦，人烟稀少，由此向西将近1000千米也是同样地形的平原地区，为飞船弹道式返回提供了极为难得的安全走廊。主着陆场如果选在这里，每次任务之后，飞船按计划返回四子王旗，并将原定52°左右的轨道倾角减小到42°—44°，使主着陆场能够位于船下点轨迹的弧顶，增加飞船正常返回的机会。如果四子王旗不具备气象条件，飞船返回舱还可以在返回主着陆场的途中在酒泉卫星发射中心南边的副着陆场着陆。王永志将这一想法向中央专委做了汇报，获得同意。另外，为了保证飞船出现故障应急着陆时，能够迅速找到返回舱并保证航天员的生命安全，王永志还建议，在陕西榆林、河北邯郸、四川遂宁及国外有关地区布设多个陆上应急救生区和海上应急溅落区。

根据这些技术要求，一支装备精良的，具有高机动性、全天候飞船回收、航天员搜索能力的地面搜救力量应运而生。

飞船发射升空后，需要进行一系列的调姿、变轨，才能进入预定轨道，而且为避免空间各种干扰，保证飞船及轨道舱正常工作、返回舱顺利返回，必须对飞船轨道进行实时跟踪和控制。作为飞船和地面唯一的联系纽带，测控通信系统是载人航天工程中参与规模最庞大的系统。

载人航天工程启动时，测控通信系统首要的任务是解决测控体制问题。在这之前，我国原有的航天测控网是 20 世纪 80 年代建成的，主要是对中低轨卫星和少数地球同步卫星进行测控的超短波网系和支持高轨道地球同步卫星测控通信的 C 波段测控网系组成的"一网两系"的体制。前者曾在历次卫星测控任务中发挥了重要的作用，但设备老化，面临退役；后者则不符合国际电信联合会关于航天测控业务使用频段的划分，无法实现与国际标准的兼容。更重要的是，针对载人航天任务的测控，存在着航天员与地面联系等一系列新的问题。显然，无论是超短波还是 C 波段测控网都无法满足载人航天的需要，必须布设一张全新的测控网。

1989 年，航天测控系统的总体设计单位——北京跟踪与通信技术研究所首次提出了建立 S 波段统一测控通信网的设想。这个研究所集中了我国航天测控领域的大部分专家。想法一被提出，激烈的争论就开始了。在之后整整三年的概念性论证中，争论越来越激烈，到 1992 年工程立项时，争论也到了高潮。

在最后一次论证会上，专家们一致排除了使用 C 波段雷达的想法，但大多数老专家和测控一线的技术权威都赞同使用超短波测控网的方式，他们的理由非常充分：超短波技术我国已完全掌握，安全可靠，把握性大，很多设备经过维修改造后，还可以充分利用。

"那就按这个方案上报吧！"就在会议主持人要宣布散会时，有一位专家突然站起身来说："等等，我不同意这个意见。"

这位专家是当时担任北京跟踪与通信技术研究所副所长的罗海银。罗海银是新一代S波段统一测控网的倡议者。在1990—1992年，罗海银对S波段的设想做了大量的论证，还同许多专家交换过意见，只不过没能说服大家。这一次，如果再不能得到大家的支持，也许他的这个想法就再没有机会成为现实了。

罗海银把国外S波段中存在的问题和我们设想中的S波段的特点进行解读和对比，一口气归纳出了S波段的五大优点：

一是功能全。具有精密跟踪、测距、测速，对飞行器遥控、遥测、双向话音及下行图像传输的功能。二是体制新。把测控和天地通信综合为一体，一体两用，化繁为简，省了设备，又消除了测控与通信之间的矛盾。三是一网多用。S波段不仅可以满足载人航天的要求，同时也可完成对近地卫星以及同步卫星的测控，并且采用新的设计标准，为将来与国际联网创造先决条件。四是规模大。我国S波段测控网建成后，将有陆基测控站、海上测量船以及车载测控站和三大中心共同组成的遍布全国和可航行于三大洋的庞大的S波段测控网。五是经济效益高。在设备的设计上采用多功能、多用途，如共用天线、共用通信信道等，仅此一项就可以节省上亿元的经费……当罗海银将这些理由一一摆到专家们面前时，一位持反对意见的专家站起身来，拍着桌子说："老罗，你光说不行。怎么实施，能不能实施，得把具体方案拿出来！"

罗海银听了顿时火冒三丈，这不是强人所难吗？按照科学的程序，应当是航天员、火箭、飞船等系统的技术状态和指标都明确后，才可以向测控系统提要求。可七大系统的论证是同时展开的，火箭和飞船刚刚开始研制，航天员还没有选拔，根本无法拿到技术状态和指标要求，测控自然无法具体。

"没有具体方案，我不同意采用S波段的建议。"这位专家气呼呼地甩下这句话，转身离席而去。刚刚还胸有成竹的罗海银这时才感到了重重压力，原本以为只要概念清楚，就可以让大家接受他的观点。可如今必须得让方案具体化，不具体就无法说服人。

这一具体就是整整5个月。参加测控通信系统论证工作的11个人，罗海银给他们一一分了工，夏南银作为论证的牵头人，和其他合作单位比较熟悉，就到飞船、火箭等系统去收集各种技术指标；徐绍荣精通多国语言，专门负责文件资料的翻译；董光亮负责测控覆盖率的计算和飞行轨道图的绘制；上升段、运行段和返回段的具体方案也安排了专人负责。

5个月时间过去了，罗海银收集到了足够的数据、参数，基本掌握了飞船、火箭的具体技术状态和指标要求。

评审的时间到了，当论证组的专家们再次走进那间"不欢而散"的会议室时，迎面看到了一张整整占满一面墙的图纸。这幅形象、直观的飞船运行轨迹和测控站船示意图，是董光亮亲手绘制、标注而成的。那时的计算机性能差，绘图全靠手工进行。地图小了不行，董光亮就找来16张一米见方的图纸拼成一幅大的世界地图。飞船运行的轨道曲线、测控站点分布情况、担负什么任务，密密麻麻的数字和文字说明，几乎把整套的测控方案都端到了这张地图上。当得知这张巨幅图纸是用了三天三夜时间才拼接完成的，专家们都被深深地感动了。

精妙的设计、完美的规划，让评审组的专家们纷纷对S波段的方案表示赞同，就连上次强烈反对的那位专家也投了赞成票。

方案进入设计阶段后，罗海银被任命为测控通信系统的总设计师。他们首先要做的，就是在地面测控站、海上测量船数量最少的情况下，找出一套最佳的布站方案。受命担此重任的是青年专家于志坚。当时于志坚刚刚30岁出头，却有着敏锐的洞察力和缜密的思维能力，因为出色的科研设计能力和工作管理经验，被任命为测控系统的副总设计师。

于志坚结合以往的卫星测控任务，摸索出了载人航天对测控通信系统的高实时、高可靠、高覆盖的"三高"要求特点。可我国国力有限，最少用多少个测控站、多少条测量船，如何布设才能满足这样高的要求……带着这些大大小小的问题，于志坚和同事们又开始了不计其数的反复计算和比较工作。最终选择了综合效果最佳的4船9站，即4艘远洋测量船、6个陆地测控站和3个活动测控站的布站方式，构成我国规模庞大、布局合理的新一代综合性航天测控通信系统。除了具备常规的跟踪、通信与控制功能外，还具有天地话音、电视图像和高速数据传输能力，既能覆盖飞船的运行范围，还可支持所有中低轨道卫星以及部分同步卫星的测控任务。

罗海银关于 S 波段统一测控网的构想和于志坚的布站方式已经被大家认可和接受，下一步要解决的问题就是，如何让这张测控网真正实现"三高"的要求。于志坚和孙宝升、翟政安等年轻的技术骨干不约而同地想到了采用透明传输的工作模式。

透明传输工作模式是相对于过去多年沿用的测控中心与测控站共同负责航天器测量数据处理与控制决策的模式来说的。这种工作模式在国际上较为先进，在这种工作模式下，飞行控制中心可以直接对航天器进行监控，测控站只起沟通天地信道的作用。

作为一项先进的航天测控技术，透明传输模式已成为世界航天测控网建设的必然选择，远程监视和控制的优势在其中得到了充分显现。要建设我国的 S 波段新型航天测控网，如果依然沿用过去的测控方式，那就会使整个航天测控网的效率大打折扣，而采用透明工作方式，无疑会使 S 波段测控网如虎添翼，将会大大提高飞行控制中心实时掌握飞船和航天员状况的能力，加快故障判断、指挥决策和指令发送的速度，而且，可以适应多星测控任务的要求，一网多用，一举多得。

但是，如果采用透明传输的工作方式，将数据集中到指挥中心来，由指挥中心直接操作，测控站所扮演的角色就仅仅是数据

"远望号" 航天远洋测量船队

信息传输高速公路上的一个"通道"而已，曾经在卫星任务中发挥了巨大作用的测控站就显得无足轻重了。而且，透明工作方式的选用还意味着测控站的规模和人员数量的减少，很多老专家、老同志从感情上难以接受。再者，以往的测控方式已经过30年的检验，可靠性毋庸置疑，新的方式从没有使用过，可靠性究竟怎样，也在大家心头打上了一个大大的问号。

面对重重压力和各种质疑，于志坚总是笑呵呵地利用各种机会去消除这些人的疑虑。他向大家反复说的主要是两点意思：一是载人航天任务要求具备高速的数据传输速率，减少中间环节本身就意味着速度的提高；另一点更为重要，任何一项大型工程，都需要各系统专家集体参与，将所有数据汇集到一个中心，有利于专家们共同决策。而且，从国外测控通信技术的发展情况来看，透明工作方式以及减少测控站的人员和规模都是发展趋势，国外甚至出现了很多无人值守的测控站……为了更有说服力，于志坚还特意带专家们到国际海事卫星北京测控站去实地参观，用海事站透明工作模式的成功经验现身说法，最终让大家达成了共识，使得透明工作模式被成功运用在新型的S波段统一测控通信系统之中。

世界上第一枚远程运载火箭发射的时候，一部雷达就能完成对它的全程跟踪和测量。随着航天技术的发展，远程运载火箭和人造卫星相继问世，它们的飞行全程达几万千米，任何一个国家都无法在本土上进行全程跟踪测控。

1962年，美国建造了世界上第一艘航天测量船"阿诺德将军号"；1963 年，苏联建造了"德斯纳号"。之后，美、苏两国又相继建造了多艘航天远洋测量船，在火箭发射、卫星测控及后来的登月计划中发挥了重要的作用。在我国也一样，火箭、飞船都将远远飞出国界，设在国内的测控站无法满足需要，固定在陆地的测量设备也无法完成天涯追踪的使命。最理想的测控场所，必然是在占地球表面 71% 的辽阔海洋上。于是，我国便出现了一支拥有"神眼"之称的海上测控劲旅——中国航天远洋测量船队。

1977 年 8 月，我国自行设计建造的第一艘远洋测量船建成下水。一年后，又有了第二艘。这两艘万吨航天测量巨轮，被称为"远望一号"和"远望二号"。载人航天工程立项时，我国只有这两艘"远望号"船。根据任务的需求，还应增加两艘测量船。

1994 年，我国自行设计建造的第二代远洋航天测量船——"远望三号"船在上海江南造船厂建成下水，这条船汇集了当时船舶、机械、电子、气象、通信、计算机等方面的高新尖端技术，各项指标都达到了世界先进水平。1999 年，由远洋科学考察船"向阳红十号"改装而成的综合性航天远洋测量船"远望四号"入列"远望号"船队。至此，这四条船构成了一个可移动的海上测控站，"远望号"也成为了这支远洋测量船队的共同名称。

经过陆地和海洋的相互补充，新世纪到来前夕，S 波段统一测控系统基本布设完毕，形成了由北京、西安、东风三个中心和遍布国内外的测控站、船组成的载人航天测控网，不论是测控覆盖率还是测控精度都实现了大幅跃升。

跨越

# 太空"婚礼"

载人航天工程立项后,中国科学院把开展空间科学与技术试验作为一项重要任务,动员和组织了上千名科学家成立了空间应用系统。

空间应用系统是一个实用性的系统,与人们的生活、环境息息相关,利用载人飞船,安排了 6 大领域的 28 个项目,包括对地观测和遥感应用,空间生命、材料科学和微重力流体物理,空间天文和物理,空间环境预报和监测以及天地技术支持系统。确定这些目标时,也同时给中国科学家出了一份难度极高的考卷。

工程立项后,顾逸东先后被任命为空间应用系统的总指挥和总设计师。顾逸东是著名经济学家顾准之子,1970 年毕业于清华大学工程物理系,他原来是做宇宙线物理研究的,但对涉及高能天体物理、材料科学及生命科学的知识也掌握很多。

顾逸东受命之时,正是空间应用系统研制最关键的阶段,刚刚完成技术调研,即将进入方案设计和样机研制阶段。要在飞船上开展空间科学实验和应用研究,就要做出相应的仪器设备。按照工程计划,空间应用系统要研制 135 种 188 件设备,开发 50 多个软件。在科学技术方面，涉及学科多、领域宽、系统复杂，其中重大设备研制难度更大，代表了国内最高技术和世界先进水平；在目标和方案上，还要尽量体现国家需求与创新的有效结合。与其他系统不同的是，每一艘飞船的空间应用内容都不同，有效载荷配置也完全不同，相当于4颗卫星的工作任务。

顾逸东上任之初，发现几乎所有的有效载荷，他们都没有研制经验。于是，他从自身发展基础和国家科学发展的重大需求出发，第一次有计划、成规模地安排了一期工程中的空间科学实验计划，涵盖了当时国际上学科前沿的若干重大项目，瞄准在未来10—20年间建立一套面向世界科学前沿、有一定规模的空间实验技术。

空间应用系统的对地观测，通俗地讲，就是从飞船或卫星上看地球目标，照出它的图像，测出它的光谱数据。这个任务靠人的视力是无法完成的，因为飞船轨道离地面太远了，还隔着大气层，大气层下面还有风云雨雾。但是，用科学仪器造就的"火眼金睛"却可以实现，它就是中分辨率成像光谱仪和多模态遥感器等空间对地遥感仪器。

地球上所有的物质都有一种特性，可以发射或辐射出从可见光到短波红外光，再到微波的能量，因此，分波段地探测地物目标，可以获取更加丰富的信息。中分辨率成像光谱仪就是利用这个原理，遥感地球目标，包括海洋、大气、陆地。在拍摄图像的同时，获取目标的连续光谱，它可以在飞船上分辨出地球上某一片是沙土还是泥土，是水稻还是小麦，还可以分辨出河流和海洋是否有污染，是什么污染……这种光谱仪是当时世界上公认的监测地球环境最有效的空间遥感仪器之一，它的研制也是公认的尖端难题。在任务立项之时，世界上还没有一台这样的仪器在太空中运行。

光谱仪的设计任务交给了中科院所属的上海技术物理研究所，第一任主任设计师搞到一半时，身体受了伤，遗憾地退出了，而其他的技术人员因为时间紧、技术难度大又不愿意接手。原计划确定的研制进度无法保证，工程形势顿时变得严峻起来。

1999年冬，载人航天工程办公室在《任务情况通报》中点了光谱仪的名。光谱仪是神舟三号飞船的主载荷，在中央专委是挂了号的。工程总指挥部向顾逸东下了死命令，无论如何都要保证光谱仪的研制进度。

接到这个通知，顾逸东心急如焚，让时任上海技术物理研究所副所长的徐如新立"军令状"，重新"点将"继续攻关。尽管徐如新表态说："我愿立这个军令状，确保工程的完成。"但他其实内心并没有想好合适的人选来担此重任。

消息传到正在外地出差的研究员郑亲波的耳中。

郑亲波当时是中国科学院上海技术物理研究所的副总工程师，也是"风云三号"气象卫星副总设计师。他从方案论证时起，就断断续续地做着光谱仪的研究，对它有着一种难解的情结。陆地、海洋、高山、湖泊，能否对这些资源的光谱图像加以开发利用，已经成为一个国家科技进步水平的标志。从这个意义讲，光谱仪已经不仅仅是一个科研项目，还是国家的战略需要。郑亲波知道在遥远的太空，刚刚发射的一颗美国的 EOS 卫星正在运行，它里面就装着一台成像光谱辐射计，这在当时是世界上独一无二的。另外，欧共体空间局也在研制类似设备，几个月后就将进入太空。想到这里，郑亲波拨通了徐如新的电话，主动请缨担此重任。徐如新喜出望外，立即通过电话报告给了顾逸东。顾逸东听到这个消息，由衷地笑了，因为，郑亲波正是他心目中的不二人选。

不久，郑亲波被任命为光谱仪分系统的主任设计师，率领攻坚队伍勇往直前。

这是一支 160 人的队伍。为了这一台光谱仪，他们奋斗了整整 10 年。这期间，社会上和研究所有不少人出国留学或进行学术交流，但这 160 人在这 10 年间却没有一个踏出国门，他们不是没有机会，而是为了光谱仪能飞向太空，选择了放弃。

光谱仪的一个重要部件——红外焦平面探测器，外国对中国是禁运的，这个部件能够敏锐察觉到上千米外一根火柴发出的热量，而且需要在零下 173 ℃的极低温度下才能工作。能够实现这样低温要求的制冷机的活塞杆和活塞桶间隙只有头发丝的十分之一，而且不能有任何摩擦，听起来简直不可思议。

4 年攻关，研究资料堆积成山，最紧张时，科技人员连续 108 天吃住在实验室，终于研制成功了中国人自己的高质量红外焦平面探测器和精密制冷机。

郑亲波没有辜负工程总指挥部的厚望，没有辜负研究所的期望，也没有辜负自己的诺言，他把光谱仪成功送上太空的时间，比欧共体只差了 27 天。

世界上任何物体，无论何时何地都在发射微波，都是"明亮"的，所以，不管在什么地方的物体，无论在什么时候，都可以被拍成照片。人类在开启太空时代以前，只能靠地面的局部条件和环境观测地球，只能靠最简单的望远镜观测空间，因而只能看到"冰山一角、九牛一毛"。

如果能在太空中有一只"火眼金睛"，人类就可以穿云透雾，测量海面高度，测出海洋洋流，测定海面风向和风速，研究海洋和预测全球气候。空间应用系统研制的多模态微波遥感器，便是这样具有展示度和显示度的重要对地观测项目产品，按照计划，是神舟四号上试验的主载荷。为了这台多模态微波遥感器，姜景山院士倾注了整整 15 年的心血。

20 世纪 90 年代，当空间应用系统还处于论证阶段时，姜景山先后担任了项目论证组副组长、副总指挥、国家"863 计划"航天领域空间科学及应用专家组组长。当时，多模态微波遥感器在"863计划"中还只是一个科技创新的概念。姜景山为它做了前期研究，列入了神舟四号的试验主载荷项目后，才把它正式变成了工程产品。

1999 年 11 月，姜景山在广东汕头机场组织了一次大型航空校飞试验，已过花甲之年的他，直到最后的试验获得了成功，才欣慰地笑了。

在天文学中，地球是一颗已经死亡的星球，是冷却了的一堆岩石。而太阳才是恒星，会发光发热，体积变大，光谱变红。宇宙中有无数颗恒星，会有许多神秘的射线爆发现象，伽马暴是其中的一种异常奇特和神秘的天文现象，是一种能量超乎寻常的大爆炸。这种大爆炸在几秒钟或几百秒钟之内爆发辐射出来的总能量，至少相当于太阳在相同时段内辐射总能量的 100 亿倍以上。

美国的"维拉"卫星在 1972 年监测核爆炸时，第一次捕捉到了链子宇宙太空中的伽马暴现象。当时，卫星检测到的爆炸射线能量大得惊人，中国和苏联都不可能有这么多的原子弹同时爆炸。因此，这种能量只能来自宇宙空间。

迄今为止，全世界已发现 4000 多次伽马暴，其也成为天文学中最热门的话题之一。

对于伽马暴的产生机理，国际上有几种主流认识：一种认为它来自宇宙黑洞，在吞噬宇宙中的星球时，喷射出大量的伽马射线，有一天地球也将被它吞没。另一种观点认为，伽马暴可能是两个相互吸引的中子星球经过上亿年时间的吸引，最终碰撞在一起，从而发生宇宙间的大爆炸。还有的科学家认为，伽马暴是恐龙灭绝的罪魁祸首。

1972 年，紫金山天文台的一位专家在一次讲座上讲，美国人正在研究奇特的伽马射线，它在瞬间爆发的能量相当于 1000 亿颗十万吨级的原子弹。正在台下听讲座的大学生马宇倩被深深地吸引住了。从此，她开始了废寝忘食的研究，成为当时中国掌握伽马暴知识最多的人之一。

大学毕业后，马宇倩如愿地被分配到中国科学院高能物理研究所从事研究工作。

伽马暴是一种超级爆炸，由于地球被稠密的大气层包裹着，就像太阳耀斑无法在地球上进行试验一样，探测伽马暴只能通过卫星在太空进行。为此，马宇倩只要有机会就建议有关部门开展对伽马暴的研究。终于，马宇倩的建议受到了关注，中国科学院高能物理研究所决定研制一台观测伽马暴的探测器，装载在1982年发射的中国第一颗天文卫星上。

从1972年开始，南京高能物理研究所历经10年，完成了宇宙伽马暴探测器的物理设计和技术方案，还研制了一台实验室的样机。1982年，探测器的正样完成生产，终于可以上天了。然而，马宇倩没有想到，由于国家财力不足，天文卫星计划下马了。

项目搁浅了，但马宇倩对伽马暴的研究却没有停。她相信，等国力雄厚起来，一定会再发射天文卫星，甚至宇宙飞船，自己只要时刻准备着。有人劝她："即使中国真有一天，载人飞船上了天，也不会上这个项目。原因很简单，伽马暴离地球太遥远了，离现实生活太渺茫了，不会为你花这笔钱的。"

马宇倩不这么看。宇宙中有数以千计的星系，几乎每天都有伽马暴的讯息，我们不能不研究它。在她看来，物质结构、生命起源、宇宙演化是人类认知自身和认识自然必不可少的基础性科学。空间技术的发展为人类打开了认识宇宙的新的视窗，使人类能用可见光以外的"眼睛"看天，我们为什么不去看看呢？为什么不去填补空白呢？

马宇倩的愿望没有落空。1992 年，载人航天工程启动时，空间应用系统决定，在飞船的轨道舱里为伽马暴探测器留下一部分空间，并任命马宇倩为分系统主任设计师。同时，决定由中国科学院高能物理所和紫金山天文台合作研制"太阳和宇宙天体高能辐射监测仪"，仪器包括超软 x 射线、x 射线和 γ 射线三个探测器。

整整 20 年，马宇倩终于梦想成真了。

自然界无论是动物还是植物，一般都是雌雄受精，产生新一代生命。植物是通过花粉进行雌性和雄性结合产生新生命，动物则是雄性的精子和雌性的卵子结合，产生新的生命。

如果不是利用花粉、精子和卵子，而是采取动物或植物的体细胞，能否在太空中进行人工手段的细胞融合，产生新细胞、新生命呢？这是上海植物生物研究所著名生物学家刘承宪探索的新课题。在此之前，在太空中进行细胞电融合试验，世界上只做过三次：德国两次，美国一次。

作为空间应用系统细胞电融合子系统的主任设计师，这一技术是刘承宪在研究了大量美国和德国的相关资料后提出来的。这种细胞电融合的过程，被人们形象地称为"太空婚礼"。应用系统将其列入神舟四号飞船轨道舱试验项目，也是与刘承宪长期进行艰苦的技术论证分不开的。

体细胞的融合在地面上做是很难的，因为地面有重力，细胞在溶液中容易沉淀，两种细胞碰撞机会小，融合在一起的机会就自然很小。而在太空的微重力情况下，由于细胞能够均匀悬浮，两种细胞碰撞机会增多，融合结果就会比地面好得多。但要想在太空试验成功，必须先在地面上做好模拟试验。生物试验吊舱从高空快速坠落的几秒时间内，几乎像在太空失重，处于微重力状态，就在这一瞬间，细胞完成结合，并且形成新生命活着，就算模拟太空试验成功。

第一次吊舱试验开始了。

天空中，一只巨大的气球在万米高空随风飘荡着，下面一只巨大的吊舱急速地降落。随着坠落速度的加快，接连打开了两只巨大的降落伞。刘承宪坐在车里命令司机赶快追过去，边走边目不转睛地盯着那只黑色的生物试验吊舱。

吊舱轻轻地落到地面，刘承宪也刚好赶到跟前，他和助手们一拥而上，实验样品成功回收了。但进一步的实验分析却发现许多他们没有认识到的现象，刘承宪意识到，在未来的飞船实验中，也将会面临重重障碍。新的技术难关使刘承宪非常困惑，飞船实验机会难得，工程进度周期逼近，如果技术难关不攻破，就意味着这项研究的失败。

更加不幸的是，一种巨大的痛苦向刘承宪袭来，一纸化验结果通知他：晚期肺癌。沉重的工作压力和病痛把他击倒了，同事们围在他的病床前，忍住泪水安慰他。刘承宪虽然没有丧失希望，但知道自己已无法再挑起这副担子了，他对领导说："把郑慧琼请回来接我的班吧。"

郑慧琼曾是刘承宪研究组的成员，她从安徽师范大学生物系毕业后来到上海植物生物研究所，在所里取得博士学位后，又去美国科罗拉多州立大学分子生物系做博士后，研究重力对植物生长的影响。

"她虽然不是我的学生，但出国前，我和她有约，学成一定要回到所里参加这场战斗，我相信她不会不守诺言。"说完，刘承宪把一封早已写好的信交给了领导。

两个月后，郑慧琼带着刘承宪的信，从美国回来了，一下飞机就赶到刘承宪的病床前，大哭不已。刘承宪看到郑慧琼，非常欣慰："别哭，我把你叫回来，是因为我们的实验还没有完成，我思来想去，只有你能担此重任。"

刘承宪挣扎着起身，从床头取出厚厚的一叠资料递给郑慧琼。"看来，我原来的那个先电泳后融合的方法在飞船上是行不通的。你到过德国和美国，可以汲取两家之长，搞一个新的技术方案出来。而且，要比德国和美国的好。这些资料，希望对你有用。"

郑慧琼接过前辈的技术方案，久久没有说话。

刘承宪明白郑慧琼内心正在矛盾，正在抉择，便接着说："细胞电融合能够培养出新的物种，具有广阔的社会前景和经济效益。中国不仅是人的大基因库，也是物种的大基因库。我知道，这也是你的梦想，回来主持这个'太空婚礼'吧。"

面对刘承宪恳切的目光，郑慧琼哽咽着表了态："您放心吧，我一定把细胞电融合搞成功，把'婚礼'办好。"

这时，郑慧琼在美国 6 年的博士后学习才刚满 3 年，面对她突然中断学业的决定，她的博士后导师一再挽留她，但却没有能够阻止她的意志。面对导师的不解，她对导师说："风光永远在故乡，在美国再风光，我也是属于祖国的。现在祖国需要我、召唤我，我没有理由不回去。"

郑慧琼没有辜负刘承宪的期望，她很快就拿出了新的试验方案，她认为在太空中进行细胞电融合必须自始至终保持细胞体的鲜活状态，为此必须进行多次换液，由融合液换成营养液，否则即使融合了，也不能形成新生命、新物种。尽管在密封下很难做到这几条，但要成功，这些条件就必须满足。

试验一步步进行得很顺利。郑慧琼按照国际上通行的以烟草作为细胞融合亲本的惯例，从研究所培育的"黄花一号"和"革新一号"两种烟草中提取出活体细胞，进行太空模拟试验，开始走向成功。

# 铸造"神箭"

中国航天使用的运载火箭统称"长征"系列，载人航天工程立项之前，长征系列火箭主要用来发射卫星。

1992年，载人航天工程启动时，航空航天部将研制用于发射飞船的新型运载火箭的任务下达给中国运载火箭技术研究院。

王永志找到了自己曾经的老搭档——中国运载火箭技术研究院副院长王德臣。这时，王德臣刚刚被任命为运载火箭系统的首任总设计师。

没有寒暄，也没有客套，王德臣便知道了王永志的来意，他开门见山地说："发射飞船，'长二捆'的运载能力已经足够了，但人上天，就意味着火箭不能出问题，万一有问题也必须把航天员救出来。"

"这正是我想向你说的，指挥部把火箭上升段的逃逸救生任务也交给火箭系统了。你有什么好主意吗？"王永志急于知道王德臣的想法。

王德臣胸有成竹地说："其实这并不难。只要在'长二捆'的基础上，增加两个系统就够了。"

长征-1
长征-2
长征-2C
长征-2C/SD
长征-2D
长征-2E
长征-2FT1
长征-3
长征-3A
长征-3B
长征-4A
长征-4B
长征-6
长征-7
长征-11

中国"长征"家族系列部分运载火箭

"哪两个系统？"王永志问。

"一是故障检测系统，二是逃逸救生系统。"王德臣脱口而出，"故障检测系统可以在火箭待发段和上升段出现故障时，自行检测、诊断，自动发出信号；逃逸救生系统能迅速实施自动逃逸或地面控制逃逸，这样就可以确保航天员的安全。"

王永志嘱咐王德臣说："我们火箭的可靠性必须达到甚至要超过世界上最好的火箭。"王德臣点点头，用有力的握手回应了王永志。

不久后，由王永志签署的工程总体设计要求正式下发。其中，对载人火箭的可靠性指标要求是 0.97，航天员安全性指标为 0.997，并要求逃逸救生系统在事故发生后 2 秒之内，必须将航天员带离危险区。可靠性指标 0.97 是说，平均发射 100 枚火箭，要将故障率降低在 3 枚以内；航天员安全性指标 0.997 的意思是，平均发射 1000 艘飞船，要将发生航天员伤亡事故的可能性降低到 3 次以内。这一标准之高在中国航天史上是空前的，世界上也只有个别型号的火箭才能达到。

按照这个设计要求，用于载人飞行的火箭将是长征系列火箭中起飞质量最大、长度最长、系统最复杂的。而王德臣提出要增加的故障检测系统和逃逸救生系统，是一项世界级的难题，是载人火箭独有的技术。它们一个是火箭的"自我诊断器"，一个是航天员的"生命保护神"，火箭在待发段和上升段发生故障时，能够自检测、自诊断，发出故障信息给逃逸系统，并能实施自动逃逸和地面指令逃逸，把航天员带到安全地点。

1994年5月，有着丰富型号研制和管理经验的火箭专家黄春平被任命为载人火箭系统的总指挥。黄春平上任后，面对生疏的"故检、逃逸"，无从下手。设计之初，他和王德臣曾想过走一条捷径：向俄罗斯的航天同行咨询一下，获得一些灵感。但对方的回答却是，咨询可以，但先交100万美元的咨询费。俄罗斯的专家曾断言："中国的生产和工艺根本无法达到这些技术要求。"他们还说，只要中方出资，俄方可以和中国合作，直接提供图纸和产品。这样傲慢的合作条件，被黄春平和王德臣断然拒绝了。他们选择了一条自力更生、自主研制的荆棘之路。

火箭飞行中随时都会出现故障，故障的种类还多种多样。如何判断火箭故障，如同医生诊断病情一样需要一系列的参数和判断逻辑。故障判断既不能漏，也不能误。漏判了，火箭就有可能爆炸，航天员的生命安全也就无法保证；误判了，发射失败，损失更是难以估量。

作为航天员的"生命保护神"，逃逸救生系统的逃逸塔安装在飞船的顶部，从远处看像是火箭上的一枚避雷针。飞船发射时，从火箭点火到飞行至120秒，这期间，如果发生影响航天员生命安全的意外，逃逸系统的固体发动机将按照指令点火，迅速将载有航天员的飞船返回舱带离危险区。

如果火箭飞行正常的话，在飞至120分钟、抵达39千米的高空时，就要抛掉逃逸塔。否则，一旦逃逸塔未能抛掉，飞船就不能准确入轨，导致发射失败。因此，逃逸塔的紧急启用和适时分离，是火箭飞行出现故障或者正常飞行时都不可或缺的动作。前者失误，危及飞船入轨；后者失误，则会危及航天员的生命。对火箭的研制人员来说，不管火箭飞行是否正常，逃逸系统都不能出任何问题，只能是100%成功。

没有任何经验、没有成熟的技术可以继承，甚至连间接的条件也不具备。为了突破这些技术，在黄春平和王德臣的带领下，研制人员采取并行工程方法和交叉作业"合二为一"的做法，先是完成了逃逸系统飞行器的模装、活动发射平台的缩比模型生产和三余度伺服机构等55项关键技术攻关，完成了总体及分系统方案论证。然后，根据不同的时段，设计了300多种火箭故障模式，并进行一轮又一轮的筛选，分析什么情况下出现故障、会出现什么样的故障、采取什么样的对策。当时，黄春平、王德臣满脑子都是各种参数和问号，每一个参数既有用的依据，也有不用的理由，究竟用哪一个？这样的难题常常使他们彻夜难眠。

1996年，研制工作取得了突破性的进展，新的运载火箭初具雏形，高58.3米，最大直径8米，起飞重量为480吨，可将8.5吨的有效载荷送入近地轨道，被命名为"长征二号F"型。

1998年10月19日，中国航天史上的第一次零高度逃逸救生飞行试验在酒泉发射场进行，这是对故障检测和逃逸系统的一次全面考核，试验的成败直接关系到载人航天工程的总体进度。

"10，9，8，7，6，5，4，3，2，1，点火！"指令下达后，

1998 年 10 月 19 日，首次零高度逃逸飞行试验不同于以往任何一次火箭发射的场面呈现在参试人员面前。震天动地的轰鸣声中，火箭逃逸飞行器腾空而起，发动机 4 个喷管与分离发动机的 8 个喷管在不同的部位喷射出耀眼的火焰，整流罩一双巨大的栅格翼随即打开。"分离发动机点火！""逃逸塔分离！""整流罩分离！"……几组发动机接连启动，在大漠长空中画出了一道美丽的烟云。不一会儿，分离出来的返回舱上空跳出一把引导伞，像风筝似的飞行到 1900 米的高空时，飞船返回舱与逃逸飞行器分离，一把鲜艳的大伞像一朵美丽的鲜花在空中绽放，带着返回舱缓缓降落，试验获得了圆满成功。

# 展开"神舟"双翼

在思考中国载人航天巨轮怎样启航时，在总设计师王永志的心目中，实现载人飞行的关键是飞船。1992 年，飞船系统研制抓总的任务，落在了中国空间技术研究院。虽然中央已经明确，载人航天应该从飞船起步。但是，对于究竟要造一艘什么样的飞船，专家的分歧很大，争论相当激烈。

主持飞船总体方案论证时，时任载人飞船系统总设计师戚发轫在采纳哪位专家意见之间，常常陷入两难境地。那些日子里，戚发轫食不甘味、夜不能寐，他静下心来研究国外载人航天技术的发展情况。当时，苏联的联盟 TM 飞船刚刚问世不久，戚发轫把目光对准了这艘世界上最先进的飞船。他觉得中国的飞船研制虽然起步晚，但要高起点，且一步到位，必须要有鲜明的中国特色，于是提出了中国飞船的总体构型：由推进舱、返回舱、轨道舱和一个附加段构成的"三舱一段"。

高起点也必然带来高难点，许多困难摆在了戚发轫面前。他说："困难面前不能退缩，解决一个就前进一步。"他带领工程技术人员，将这些难题分解成"载人飞船返回控制技术""返回舱舷窗防热与密封结构技术""主用特大型降落伞技术""着陆缓冲技术"等 17 个项目关键技术，并一一攻克。

　　飞船进入试验阶段后，在一次返回舱综合空投试验中，工作人员突然闻到一股异味，这一现象立即引起了戚发轫的警觉。经过检查，一个可怕的问题暴露了——舱内有害气体超标！如果不及时解决，将来会直接威胁航天员的生命健康。他立即组织有关人员严查有害气体的来源。经过多次分析试验，最终查出问题出在舱内的火工产品上，是它们工作时产生的气体泄漏到了返回舱内。这是个事关航天员生命的问题，必须立即解决。戚发轫带领大家一起做了无数次的试验，想了各种各样的办法，最后还是用大禹治水的办法，先"疏"后"堵"，靠一个个"神秘"的小孔

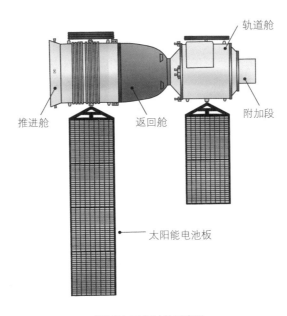

"神舟"飞船结构示意图

把有害气体排出舱外，消除了隐患。同时，他们还新研制了一个有害气体过滤器，做到双保险。

这件事之后，戚发轫要求设计人员，必须以严谨科学的态度来对待疑点、消灭疑点，凡是能被预想出来的问题，都要千方百计地去发现、去寻找，虽然这种做法有些像大海捞针，但决不能放弃。

有人提出："火箭升空到一定高度，结束工作，该与飞船分离的时候，万一分不开怎么办？"针对这个问题，工程总体就要求飞船上再增加一项能保证航天员手控发送分离指令的功能，以对付这个万一。这个指令要从飞船送到火箭上，要有独立的电源来支持，牵扯的问题比较多，解决起来很棘手，更何况这不是飞船系统自己可以完成的，还需要得到火箭系统的支持。有没有必要一定增加这个功能呢？火箭为什么要接收飞船的指令？当一些人带着抱怨情绪议论纷纷的时候，戚发轫果断地宣布：只要是为保成功，保航天员安全，一个字：干！

需要飞船与火箭两支研制队伍共同解决的问题，花甲之年的戚发轫亲自找到当时38岁的火箭系统副总设计师张庆伟，请他共同协调解决。毕竟船箭相连，张庆伟给了戚发轫这位前辈极大的支持，同意火箭接收飞船的指令并按要求做到电源独立。

1995年6月28日，工程领导和专家们经过论证，宣布了一个令戚发轫无比欣慰的决定：飞船从设计阶段正式进入工程实施的初样研制阶段。

1996 年 9 月，第一艘无人初样飞船开始桌面联试。这是飞船的各分系统产品进行的第一次电性能设备联试，共有 600 多台设备、300 多根电缆、8 万多个电缆网节点、20 多个计算机软件模块参加了此次联试。经过 200 多个日日夜夜的苦战，联试取得成功，飞船可以投产了。

1997 年岁末的一个周末，一辆黑色轿车行驶在虹桥机场前往上海航天局的公路上。坐在汽车上的是当时的载人航天工程副总指挥、国防科工委副主任沈荣骏，他眉头紧锁，心事重重。

1992 年，载人航天工程立项时，第一艘试验飞船争取 1998 年、确保 1999 年起飞的期限就已经确定。航天科研部门把这个承诺称为"争八保九"。可现在已经是 1997 年下半年了，沈荣骏掐指一算，"争八"根本争不了，按"保九"算，整个工程进度拖了将近一年半，而且这时钱也快花完了。如果"争八保九"完不成，推迟一年，就意味要多花几个亿。本来钱就很紧张，再一推迟，从哪里来钱？所以，无论如何，"保九"这个底线不能突破！

按照火箭系统的研制进度，1999 年进行首次发射试验，应该不成问题。但 1997 年快要过去了，而飞船最关键的发动机却还没有着落。飞船没有造好，火箭运载什么就成了首要问题。有人建议利用这次发射送一颗卫星上天，而那段时间偏偏没有卫星发射任务，这个方案只能放弃。也有人说，只要有个配重就完全可以验证火箭的性能，按照飞船的样子，做一个同等重量的"铁疙瘩"打上去就可以了。

"神舟"飞船总设计师戚发轫院士（中）在飞船研制现场

这个方案报到沈荣骏的案头，他久久没有做出批示。沈荣骏知道，这样做，其实只试验了火箭，而载人航天的核心是飞船。于是，他拿起电话，与戚发轫通了话。"如果研制一艘功能简单一些的飞船，借火箭发射的机会进行一次试验，能不能做到？"

这个问题出乎戚发轫的意料，按照以往研制卫星的惯例，火箭进行试验时，不需要卫星一并参加，所以飞船系统并没有安排类似的试验。

戚发轫的回答令沈荣骏失望了，"飞船的研制进度没那么快，按照模样、初样、正样的顺序，现在才是初样阶段，无论如何也搭不上这趟'快车'了！能不能缓一缓？"

戚发轫知道，上海航天局承担了飞船上"一舱两个半系统"的研制任务后，一直在按照时间节点要求加快推进，但他们的工作量实在太大了，在完成两艘结构船、一艘热控船和一艘电性船产品生产的同时，还要全面完成任务书规定的单机和系统试验。从当时整个工程的进展分析，要完成整船的所有工作后，转入正样和发射第一艘飞船，时间进度可能要突破 1999 年。

"不行！'争八保九'是我们对中央的承诺，困难再大也必须如期完成任务。"沈荣骏的回答同样毫无余地。

戚发轫沉默了一会儿后说："飞船的短线在推进舱，推进舱的短线在发动机，只要上海航天局能够完成推进系统和电源系统，飞船总体就能赶上。"

"好，我这就动身去上海！"沈荣骏不容置疑的口气让戚发轫焦急万分。

放下电话，戚发轫立刻把袁家军和飞船系统的副总设计师王壮、郑松辉等人请来一起研究方案。听了戚发轫的话，大家都觉得如果沈荣骏的这个想法能得以实施，可以带来意想不到的三大好处：一是通过这样一个近期的、明确的发射目标，可以激发和调动研制人员的积极性；二是可以让飞船的主要分系统得到实际考验，尤其是飞船的许多技术细节在地面难以模拟，提前飞行试验可以尽早暴露问题，及时加以改进。

然而，想法虽好，但试验飞船从何而来？

"大家说说吧，怎么才能保证试验飞船按时上天？"戚发轫的话说完了，却无人应答，一时谁也拿不出有效的方案，只好选择沉默。

"两弹一星"功勋科学家任新民（左）和"神舟"飞船总设计师戚发轫（右）在酒泉卫星发射中心

"既然打不了正样，不行就把初样电性船打上去吧！"这句话一出口，虽然声音很小，却像平地春雷似的，震醒了在场的每个人。

戚发轫抬起头，向声音传来的方向望去，提出这个建议的是一个刚刚参加研制工作不久的小伙子。"你说得有道理。"戚发轫笑着走过去拍了拍小伙子的肩膀，转过头来对袁家军说："我看咱们就这样定了吧，用电性船改装，按时首飞。"

所谓电性船，简单地说，就是仅用于地面电性能测试的试验飞船，其性能与能飞行的飞船相差很大。而将电性船改为试验船进行发射，等于跨越了一个研制阶段，跳过了许多要做的试验和程序，这在整个航天发展历史上也是从来没有过的，无疑要冒很大的风险。有不少人为此犯嘀咕：这样的飞船上得了天吗？谁敢用这样的飞船去冒险？即便是总设计师，戚发轫也不敢说他有多大的把握与胜算，但这可能是赶在最后期限前发射第一艘飞船的唯一可能的办法。

袁家军谨慎地对改装细节提出设想："电性船上的很多电器都是非上天产品，必须进行正式上天条件下的环境试验。机械件、模拟件按照上天产品的要求，寻找替代品或重新投产。"

青年专家王壮和郑松辉建议，把飞船进行简化，组成一艘最小配置的飞船。戚发轫采用了这个建议，按照飞船最小配置进行首飞，先确保飞船上得去、回得来。

这样做，虽然已经大大减少了工作量，但是改装任务依然很艰巨。各分系统中，最难的是推进分系统。飞船发射升空后，是否能稳定飞行、准确变轨？是否能按照地面的指令实施制动和返回？这些都取决于飞船发动机的工作情况。发动机一旦有什么问题，飞船发射后既进不了轨道，返回时也回不了地面。所以，即便是改装，推进分系统的产品也必须是货真价实的正样产品。可是，发动机是新研类型，可靠性试验子样很少，正样研制任务重、时间紧，成了整个工程的短线。根据国外惯例，飞船上天前，发动机需要进行 10 万秒的试车，就是按照其他航天器的要求，也至少需要几万秒。然而，这时飞船的主发动机只进行过一次 930 秒的高空试车。

尽管上海航天局夜以继日地一步一步往前赶，但总体进度还有一定的差距。正是这样，促使沈荣骏一定要亲自去一趟上海。

到机场迎接沈荣骏的，是载人飞船系统的副总指挥兼副总设计师施金苗。施金苗是"863计划"的论证专家之一，长期负责上海地区的运载火箭研制工作，是中国"一箭三星"技术的主要设计师。载人航天工程立项后，施金苗负责上海地区的飞船推进系统、电源系统、测控通信系统和推进舱的技术和项目管理，他对载人航天的感情就像对待自己的孩子一样，他比谁都担心因为飞船的原因而耽误工程的进度。沈荣骏的到来，或许能让研制进度再提升一大块，但随之而来的，一定是一次凤凰涅槃般的攻关，这让施金苗既高兴又压力重重。

考察中，沈荣骏发现，上海航天局进度慢的原因，不是技术上不行，而是试验做得不够。可做试验就需要时间，时间就是工作量，通过加班是可以解决的。沈荣骏连夜主持会议，他开门见山地说："我的标准不高，只要飞船能正常入轨，安全运行，返回落到中华人民共和国的土地上，就算试验成功！你们条件不具备的，要钱给钱，要条件给条件。你们说怎么样？"施金苗代表上海航天局向沈荣骏做出了承诺："我们一定千方百计地在1999年把试验飞船做出来，载人航天的列车绝不会在上海晚点。"

根据沈荣骏上海调研的情况，中国空间技术研究院召开了飞船系统的总指挥、总设计师联席会，正式向总指挥部提交了一份题为《用电性船改装成试验船的建议》的报告，此报告一交，便再无退路。

整个飞船系统就像一部开足马力的机器，高速运转起来。施金苗更是一诺千金，背水一战，带领各分系统的技术人员全力拼搏，一方面抢试车进度；另一方面加紧生产产品。他分配好了各科研部门承担的任务，规定了最后的完成时间，与科技人员一起商量方案，探讨进度，对关键的技术项目攻关课题进行现场指导。在施金苗的"高压政策"和身体力行下，一场与技术难关较劲、与时间节点赛跑的战斗在黄浦江畔打响了。

　　一年时间过去了，上海航天局实际完成了两年的工作量，为飞船如期首飞赢得了宝贵的时间。

　　1999年阳春时节，飞船研制团队汇聚北京航天城，开始封闭式的最后冲刺。不久后的一天，随着中国空间技术研究院的空间环境模拟器巨大的密封门缓缓开启，如同凤凰经历洗礼一般的试验飞船，以非常圆满的涅槃，通过了全部电气系统的严格测试。中国的载人航天工程终于有了一艘基本达到了上天要求的试验飞船。在电性船改装的过程中，飞船非重点的5个分系统也不想错过上天提前试验的机会，向戚发轫请缨，要求参加飞行任务。经过飞船系统"两总"研究，同意这5个分系统在不影响主系统试验的前提下，可以上船。这样一来，这艘飞船其实已经是一艘完整的飞船了。

　　1999年7月，一趟专用列车开往酒泉卫星发射中心，车上的"乘客"正是人们为之付出了7年努力与心血的、准备进行首次无人飞行试验的第一艘飞船。

# 千里挑一的选拔

1961 年 4 月 12 日，27 岁的苏联航天员加加林乘坐"东方一号"飞船飞向太空，从此，人类又增添了一种新的职业——航天员。选拔和训练航天员被看作一个国家可以独立自主开展载人航天的重要标志。过去，世界上只有美、苏两个国家能够独立完成航天员的训练。

随着我国载人航天工程的立项，选拔航天员成为航天系统的一项极为重要的任务。在战斗机飞行员中选拔航天员，是世界公认的一条捷径。这是因为，在所有职业中，战斗机飞行员的工作环境和身心素质最接近于对航天员的要求。

中国航天员的选拔工作也借鉴了国外的经验，但标准却更为严格。选拔航天员的基本条件包括：有坚定的意志、献身精神和良好的相容性，身高 160 厘米至 172 厘米，体重 55 千克至 70 千克，年龄 25 岁至 35 岁，必须是歼击机或强击机飞行员，累计飞行 600 小时以上，具备大专以上学历，且飞行成绩优秀，无等级事故，无烟酒瘾，最近 3 年体检均为"甲等"。

在茫茫人海中，按照这个标准，与其说是选拔航天员，还不如说是寻找航天员。首先，空军机关调阅了所有飞行员的政治档案和技术档案，从符合基本条件的飞行员中进行了筛选。然后，在师、团推荐的基础上，对入选对象的政治表现、思想作风、飞行技术、身体素质、工作表现、家庭状况等进行了审查。经过层层推荐审核，全军共有1506名飞行员符合条件。

首先进行的初选体检，在空军的10个疗养院分别进行。那一个月的时间里，医院动用一切现代化的手段，对每一位参选者逐项进行巨细无遗的检查，并对遗传性疾病等潜在疾病进行了排除。一次次严格的检查过后，那些身体条件无可挑剔的飞行员，因为微乎其微的小毛病被一个个"刷"了下来。初选结束，1506人剩下了886人。

紧接着，他们中的一部分人接到通知，到北京接受第二次检查。这次检查分三批进行，只有60人参加。十几天里，医生把每个人身上大大小小的器官检查了个遍。检查结束，又有20多人被淘汰出局。仅剩的30多人接着来到北京航天医学工程研究所接受特殊生理功能检查。

航天员在身体素质方面与飞行员或其他人群的本质区别在于，他们天生具有比普通人更强的航天生理功能。这次检查就是要发现他们是否具备这样的特殊功能。对于最终成为航天员的人来说，特殊生理功能检查帮助他们发掘出了就连自己此前也未曾发现的潜在能力。这是一项更高难度的选拔，也是迈入预备航天员队伍的最后一道门槛。

中国航天员中心的低压舱训练室

检查开始后，第一，受检者要在离心机上进行超重考验，考察身体承受重力的能力；第二，在压力试验舱内接受缺氧耐力检测，随着低压舱内的氧气渐渐被抽走，相当于上升到了5000米的高空，如果谁不能适应，就将被淘汰，如果到了10000米，皮肤有蚂蚁爬过似的痒痒的感觉，就说明有减压症，也不能入选；第三，在旋转座椅上检查抗晕的功能，受检者被蒙住双眼，在6米摆长的电动秋千上荡15分钟，考察有没有恶心反应，以此来检查前庭功能；第四，在噪声和振动里忍受不间断的侵扰，观测是否烦躁不安；第五，受检者要在头低脚高的倾斜床上猛起、猛躺，测量颈动脉血流量和心脏负荷能力，还要进行下体负压等各种耐力测试……

这样的测试持续了好几个月，在专家们犀利而又谨慎的评判中，只有20名候选者以平和的心态闯过了一关又一关。最终的结果当时并没有公布，只是通知他们回部队等待消息。

1997年4月，载人航天工程指挥部决定从最后通过的20名合格人选当中录取12人为预备航天员。这12位预备航天员全部是大专以上文化程度，驾机飞行都在800小时以上，平均年龄32.8岁。他们有一个共同的特点：都在少年时代接受过良好的教育；当飞行员期间，身经百战的经历奠定了良好的心理、生理和技术基础。这12人是杨利伟、翟志刚、费俊龙、聂海胜、刘伯明、景海鹏、刘旺、张晓光、邓清明、赵传东、潘占春、陈全。

与他们同时加入这支队伍的还有另外两名战友——吴杰和李庆龙。为了学习借鉴俄罗斯航天员训练的经验，1996年3月，这

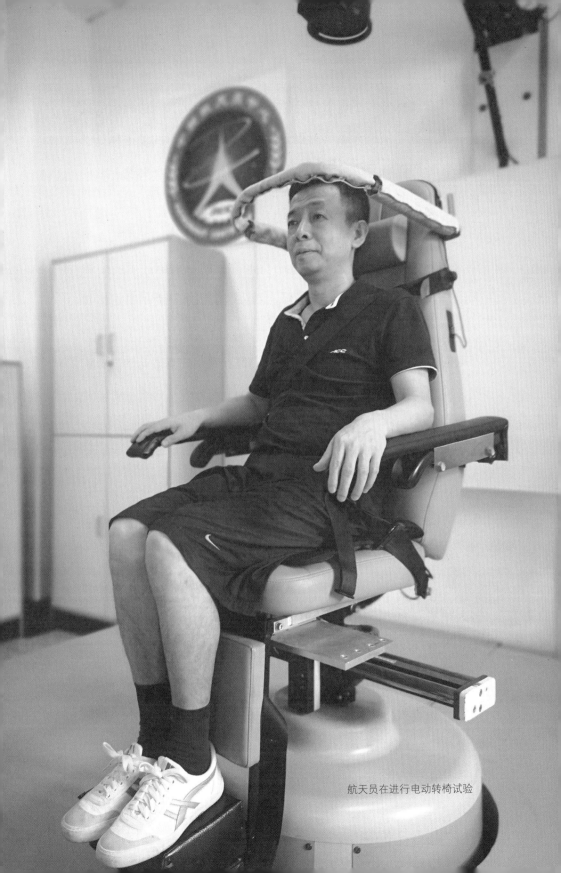

航天员在进行电动转椅试验

两位兼获工程学和军事学学士学位的空军飞行员，经过相似的选拔率先走进北京航天医学工程研究所。经过 8 个月的俄语强化学习后，他们以航天员教练员的身份被派往俄罗斯加加林航天员训练中心接受培训。

报到那天，吴杰和李庆龙走进了训练中心主任、苏联航天英雄克里木克中将的办公室，用还不太流利的俄语陈述了一个申请——用 1 年时间学完全部课程。面对这个请求，克里木克感到不可思议。根据俄方的计划，培训一名合格的航天员至少需要 4 年时间，1 年毕业简直就是天方夜谭。但看到他们真诚而坚定的眼神，克里木克又觉得无法拒绝这两位中国人的请求，他充满疑虑地说："我可以考虑答应你们的请求，但不会减少课时和训练内容，更不会降低难度标准，这对你们来说可能会很困难。"

"没有问题，我们保证一项训练都不会落下！"吴杰和李庆龙斩钉截铁地说。

克里木克将军最终同意了他们的请求。

训练开始后，俄罗斯的教练员对这两位黄皮肤、矮个子的中国人很不以为然，甚至嘲笑他们说："这样的人也能成为航天员吗？"面对这样的怀疑，吴杰和李庆龙心里默默地告诫自己，就算掉层皮，也要做出个样子来，决不给中国人丢脸！于是，他们憋着一股劲儿，白天刻苦训练、细心观察，晚上潜心钻研、认真记录，开始了高负荷的学习、训练和生活。

在俄罗斯期间，和他们一起学习的还有美国、日本和欧洲一些国家的航天员。美国为他们的航天员在莫斯科修建了别墅，每到节假日，他们就会开着私家车，带着家人去莫斯科度假。但吴杰和李庆龙却没有一次这样的经历，一年中，他们连一天假都没有休过。他们目标很明确，就是要在最短的时间内，学习到最精髓的东西。

一年后，吴杰和李庆龙果然高标准、高质量地完成了全部考验极限的课目，出色地掌握了航天理论和各项技能，以优异的成绩折服了俄罗斯教练，实现了自己的承诺。结业的那天，克里木克中将亲自为他们颁发了"国际航天员证书"，并郑重宣布："从今天起，中国的航天员吴杰和李庆龙可以胜任世界上任何飞船的飞行任务。"

20 世纪 90 年代，北京航天城建成后，航天医学工程研究所也搬进了航天城。

1998 年 1 月 5 日，14 名预备航天员进入北京航天城，正式由空军部队移交给原国防科工委管理。交接仪式上，前来送行的空军部队参谋长对他们说："空军把你们送到这里，你们中间将会走出'中国的加加林''中国的阿姆斯特朗''中国的列昂诺夫'。你们将代表祖国去完成一项伟大的事业，你们永远是空军的骄傲！"

这个小小的仪式，翻开了中国航天史册的重要一页——中国人民解放军航天员大队正式宣告成立。14 名航天员在一面鲜红的中国共产党党旗上，郑重地签上了自己的名字，并面向国旗进行了庄严的宣誓：成为航天员是我无上的光荣，为了负起神圣的使命，我将英勇无畏，不怕牺牲，甘愿为载人航天事业奋斗终身……

载人航天工程其他系统的工作都有一定的继承性，而航天员的培训却犹如在平地上盖楼、在白纸上绘画，一切都要从零开始。

挂帅航天员训练工作的，是已做了多年医学总体和选训工作的航天员选拔训练分系统主任设计师黄伟芬。1997 年，就在吴杰和李庆龙赴俄罗斯训练的那一年，黄伟芬参与起草了航天员训练的总体方案设计，并作为任务组长赴俄罗斯学习了 3 个月。她对美、俄两国的航天员训练工作做了详细的分析调研，在汲取两国经验的同时，围绕中国第一次载人航天任务，从任务需求到飞船的安全性、可靠性都做了充分的考证，并对中国航天员的特点进行了全面分析，设计出了一套符合中国国情特点的航天员训练方案。

在复杂的选拔尘埃落定之前，14 名预备航天员并不完全清楚"航天员"究竟是一个怎样的职业。直到训练陆续展开，他们才渐渐走进了载人航天这个勇气与梦想交织的领域。进入航天员大队，远不能说明冲过重重关卡的幸运者就是一名完整意义上的航天员，这只是拉开了航天员职业生涯的序幕。在飞天的征程上，不仅充满了艰辛和风险，许多勇士还为此付出了生命。踏上中国人从来没有走过的飞天之路，无疑是用生命去探险，用躯体去铺路。

国外培养的航天员分为三类——驾驶员、随船工程师（美国称任务专家）和载荷专家，执行任务时各有分工，通常由驾驶员兼任乘组的指令长。而我国目前培养的航天员都是驾驶员，他们不仅要操作飞船，还要兼顾随船工程师和载荷专家的工作，这就要求他们必须有过人的本领和超常的耐力。

中国航天员的训练分为3个阶段：第一阶段是基础理论培训。航天员要学习火箭和飞船的设计原理、飞行动力学、气象学、天文学、通信、设备检测、航天医学知识等。第二阶段是专业技能训练。航天员要熟悉飞船的结构、组成，飞船各系统的工作原理和模式，甚至要掌握重要部组件和单机的情况。第三阶段是飞行程序和任务训练。航天员要在与真实飞船相同的训练模拟器上，通过实景仿真，掌握和知道应该注意观察什么，什么时候和地面联系。在这一阶段，航天员还要学会发现和排除紧急情况，以考察和锻炼他们的判断能力和对事物的迅速反应能力。这3个阶段的学习加起来一般需要3年至5年的时间。

飞船遨游太空，航天员需要在密闭狭小的环境里经历超重、失重相互交替的过程。要克服这重重障碍，除了飞船要具备适合人的生存条件外，必须用特殊的训练来主动适应这种太空生活。为了让航天员适应太空的特殊环境，提高他们对各种负荷的耐受性，教员们最大限度地模拟了太空舱内的各种环境。既有利用旋梯、滚轮、蹦床、旋转秋千等器材提高前庭功能的训练，也有为提高低压缺氧耐力的游泳、攀岩训练，还有为提高超重耐力专门进行的胸、腹部和四肢肌肉的训练等，每一项都称得上是"魔鬼训练"……

在做离心机训练时，离心机像一只巨大的铁钳，紧紧夹住旋转舱，在圆形的超重实验室里飞速旋转。负荷从1个G逐渐加大到8个G，转瞬之间，在强大作用力的牵引下，受训者面部肌肉开始变形下垂，眼泪不由自主地流下来。做头盆方向超重训练时，全身的血液好像被甩到脊柱上；做胸背方向超重时，前胸后背就像压了块儿百斤重的巨石，忽然心跳加快，呼吸困难，五脏六腑仿佛被压成了一张薄薄的纸片。当超重值加大到自身重量的8倍时，虽然持续时间只有短短的40秒，但受训者几乎要耗尽全部体力和精力。

这是大家公认的最痛苦的一项训练，也有着一定的危险性。训练时，每人都是一只手握着操作设备，另一只手握着报警器，只要感到不适，可以随时摁下报警器上的红色按钮，训练就会立即停止。但在长达十几年的训练中，14名航天员中（包括后来的7名第二批航天员），从没有谁因为主观原因停止过这项训练，报警器在他们的手中从来没有鸣响过。

1999年，中国航天员来到俄罗斯"加加林航天员培训中心"进行模拟失重飞行训练。第一次到新的环境中接受陌生训练，大家感到很新奇，都想借机展示一下中国航天员的风采。上飞机的前一天，俄罗斯的教练员对中方领队、时任北京航天医学工程研究所所长、航天员系统总指挥宿双宁说："你们的人只要有一个吐了，我们就立即停飞！"宿双宁一听就急了，连声说："不行！不行！"他心里清楚，飞一个架次虽然只有几分钟的失重体验，却是用成堆的美元堆积起来的，一吐就停，那不是白白浪费钱吗？

可无论宿双宁怎么请求，俄罗斯的教练员却始终不同意，坚持说是基于安全考虑。

宿双宁既心疼钱，更担心航天员的安危，他诚恳地对俄方驾驶员说："我们的航天员是第一次做这种训练，希望你们升降幅度不要过大。"第二天训练前，翻译告诉宿双宁，他听到俄罗斯驾驶员私下嘀咕，他们就是要让动作大一点，看看中国人的前庭功能和身体素质到底行不行。

训练开始了，飞机一个小时里连续飞行了 12 个抛物线，交替产生超重、失重的模拟环境。尽管痛苦难忍，但航天员们都咬着牙坚持了下来，而且还要在每一个抛物线产生的 20 多秒的失重时间里做穿脱航天服、翻滚转圈的动作。飞行结束后，一个人都没有吐。这个结果有些出乎俄方的意料，他们不由得称赞说："其他国家的航天员，不少人几个抛物线下来就不行了，像你们这样全部坚持下来的还没有见过。中国的航天员，真了不起！"

冬去春来，不知不觉中，一年时间过去了，航天员即将转入新的学习阶段。在这之前，要进行一次全面考核。这好比是"升学考试"，如果谁不能通过，将没有资格进入下一阶段的学习。

考核一项项地进行着，理论、体能、文化课……当所有的考试结束后，航天员杨利伟取得了 14 人中唯一的"全优"成绩，名列第一，其他 13 名航天员也都以优异的成绩通过了考核，获得了继续学习的资格。

# 不平坦的通天大道

　　1997年，中国载人航天工程办公室向参加研制的单位发出了为中国飞船征集名字的通知。一时间，载着各种优美称谓的信件寄到了征集办公室。刘纪原、沈荣骏和王永志经过比较，选出了"天骄""炎黄""神州""飞天""神舟"等几个寄托着浪漫理想的名字。最后，他们都觉得"神舟"的名字比较好。舟就是船，"神舟"寓意神奇的天河之舟，又是"神州"的谐音，中国人习惯把祖国称为神州大地，象征着飞船研制得到全国人民的支持。"神舟"这个名字既简单明了，又语义双关。

　　1999年年初，载人航天工程从初样阶段转入了正样与无人飞行试验阶段，开始了封闭式的冲刺。7月26日，一艘专列载着神舟一号飞船运抵酒泉卫星发射中心。为确保试验成功，指挥部决定，正式测试发射之前飞船和火箭进行一次联合演练。

　　演练进行中，航天员系统装在飞船上的一台环控生保仪器突然出了问题，航天员系统的专家建议取出仪器进行检查。但要把仪器拿出来，就必须将组装好的飞船拆开，拉开返回舱的底座，打开隔热大底。而飞船是一个整体，隔热大底严丝合缝地焊接在飞船舱体之上，焊接技术和工艺非常精细。本来就是电性船，如果大底被开坏，整个飞船就报废了。谁敢冒这个险？特别是飞船系统的专家不赞同这么做。他们认为，航天员系统的设备不是这一次任务的关键，即使有问题也不影响任务的成败。两个系统的专家各持己见，相持不下，合练无法进行下去了。

时任发射场系统副总指挥、酒泉卫星发射中心副主任的张建启闻讯后，专程赶到两个系统的专家中间提了个建议："现在还是合练阶段，要不先不谈开大底的事，先做其他的测试，如果后面测试顺利，另当别论，如果出现关键设备问题，需要开大底时再说？"

张建启的建议，大家都赞同，合练重新开始了。

在接下来的测试中，飞船系统也碰到了一个问题，一个定向陀螺的遥测数据出现异常。定向陀螺是飞船上最关键的设备，按说飞船上还有其他的陀螺作为备份，只要有一个正常工作就不会出现问题。专家们虽然很想更换这个陀螺，但开大底的风险实在太大了。既然有备份，他们还是想放过这个故障。

矛盾集中在王永志身上。从内心讲，王永志个人也倾向于不开大底，但作为工程的总设计师，他得听各个系统的意见。到底怎么办？王永志犹豫不决。正在这时，张建启带着厚厚的一叠文件笑呵呵地走了进来，"王总，看我带什么好东西来啦？"

王永志诧异地接过文件，封面上的两行字让他的眉头舒展开来，"飞船开大底必备——开大底风险及对策"。这份由飞船总装试验分队队长张志礼总结的材料中，列举了飞船开大底会遇到的 50 种风险和应对措施。按照这些方法，王永志仔细做了一遍分析，边看边频频点头，等他全部看完，再次抬起头时，已如拨云见日一般，心里明朗了许多。"这大底可以开。只要把握住这 50 条，仔细操作，开大底的风险是可以避免的。"

第二天傍晚，沈荣骏从北京赶到了发射场，召集有关人员开会。一开场，他便问："你们到底有多大把握？如果我做了这个决策，飞船万一开坏了，我们就完了。"

"我们相信自己的能力。"张建启回答得很干脆。

沈荣骏听后没有说话，沉默了好久后，才下了决心，"那好，开！"

打开飞船大底的那天，戚发轫一直守候在飞船旁边，仔细盯着工作人员的每一个动作，一再叮嘱他们——小心，再小心。

按照逆操作方案，操作人员打开了飞船大底，小心翼翼地取出了那台数据异常的陀螺。经过逐一排查，结果发现，最早被怀疑有故障的那台环控生保设备并没有失灵。真正的问题出在一根信号线上，是飞船在合拢大底的时候，一颗螺丝钉的尖锐处将导线划破，导致了断电，造成设备短路，换了新的信号线后，问题迎刃而解。

大底合上后，操作人员展开了第二轮测试。飞船和火箭、发射塔、逃逸塔的联合测试从此一路绿灯，顺利完成。

神舟一号的预定发射日期定在了 1999 年 11 月 18 日。正当发射场为此紧张忙碌的时候，远在大洋深处的"远望一号"船突然遇到了强烈风暴，无法前进。这已经是"远望一号"这次航程中第三次遭遇风暴袭击了。而根据气象预报，未来三天之内还有更加强烈的海风，这就意味着，"远望一号"可能无法按时抵达预定海域。与此同时，北京也传来消息说：根据天文预测，11月18日，太空中的狮子座将有流星雨出现，不宜发射航天器。

流星雨是航天器最大的天敌，一块硬币大小的陨石残渣要是撞到飞船上，瞬间的威力比子弹还要大好多倍，飞船有可能因此报废。气象专家建议说：如果推迟24小时发射，陨石碰撞的危险性概率可以从100%下降到6%；如果推迟48小时，就下降到千分之几。工程总指挥曹刚川闻讯后，拍板说："6%的险我们也不冒，飞船推迟48小时发射。"

新的发射时间改在了11月20日，这一天没有流星雨，气温也没有太大变化，还给"远望一号"留出了两天的缓冲时间。

11月20日凌晨，"远望一号"终于抵达了预定海域，酒泉发射场程序进入了倒计时。"10，9，8，7，6，5，4，3，2，1——"6时30分，随着"点火"命令的下达，大地震颤，烈焰喷薄，长征二号F火箭托举着神舟一号飞船冲上云天……

两天后，几乎所有的中国媒体都刊登了一条消息：北京时间11月20日6时30分，中国第一艘"神舟"飞船在我国酒泉卫星发射中心载人航天发射场发射成功，并于21日凌晨在内蒙古中部着陆……

神舟一号飞船发射

神舟一号安全返回后，7 年来，所有人的心血和汗水都因为这次任务的成功得到了回报，领导、专家和每一位普通的航天工作者都沉浸在无比的喜悦当中。

2000 年，神舟二号任务进入了具体实施阶段。神舟二号是正式发射的第一艘正样飞船，也就是说，除了没有载人之外，其结构、技术性能等与载人飞船基本一致。11 月 8 日，一架大型运输机降落到了酒泉卫星发射中心附近的鼎新机场，戚发轫、袁家军等飞船系统的专家早早地等候在这里。有了神舟一号的经验，飞船系统对运输方式进行了调整，由曾经的铁路运输改为了空运。过去由于铁路车厢的限制，飞船在运输时被拆成 8 个部分，到发射场后再组装。改用空运方式，就可以将飞船完整地送到发射场，减少一次总装、测试的过程，还能够避免出现上一次那样的意外。

得知飞船系统测试一帆风顺的消息，火箭系统感到了一种巨大的压力。

12月3日，火箭在做单元测试时，技术人员向总指挥黄春平报告说，火箭控制平台的陀螺出现问题，但经过反复检查，却找不到原因出自哪里。

正当黄春平一筹莫展的时候，刘竹生向他建议说："要不，请老徐来试试？"

刘竹生说的"老徐"，是有着"平台皇后"之称的火箭控制平台的权威专家徐云锦，当时她已经进入古稀之年了。

徐云锦没有辜负大家的期望，经过几天几夜的排查，她终于把故障的原因找到了——平台内环轴端有一根导线碰到了内壁的电缆束管。导线取出之后，在场所有人内心的郁闷顿时释放了。

徐云锦让工作人员把这根导线放在天平上称了一下，只有17克重。黄春平拿起导线，若有所思地说了一句："17克却让70吨的平台转不起来，分量不轻啊。"

就在火箭系统排除故障的同时，飞船系统也遇到了一个意外的难题。12月11日在进行飞船、火箭和发射塔的联合测试时，飞船的电源刚一接通，就收到了"箭船分离"的错误信号。工作人员进行复查时，信号却消失了。

箭船分离是在飞船与二级火箭分离，进入预定轨道时才可以进行的。如果在不该出现的时候收到"箭船分离"的信号，就意味着飞船还没有入轨就与火箭分离了，后果自然是灾难性的。

戚发轫和袁家军对这个意外极为重视，立即组织再次复查，可信号还是没有出现，第三次、第四次……复查接连做下去，信号再没有出现。这下他俩都犯了愁。这时有人说，也许只是一个意外，要不算了。但戚发轫坚持认为，既然出现过这个信号，就一定在什么地方出了问题。

"继续查，直到查出问题为止。"戚发轫下了死命令。试验一遍遍地继续做下去，直到做到第60多遍的时候，"箭船分离"的信号再一次出现了。袁家军立即抓住这个机会，终于找到了故障原因，原来是开关电缆保护层上的镀铝薄膜与一个节点相碰，造成了短路。

飞船和火箭的故障都排除了，接下来的测试一切顺利。

2001年1月10日凌晨1时，伴随着大地的剧烈颤抖，矗立在发射塔架上的长征二号F火箭，带着中国航天人的艰辛和壮志，送神舟二号飞船实现了新世纪的第一飞。

神舟二号进入的是距地球表面高度近地点200千米、远地点340千米的椭圆轨道。按照预定计划，这时要进行变轨，将飞船调整到距地球表面340千米高的圆轨道上。

北京航天指挥控制中心又一次充满了紧张的战斗气氛。中心的大型电脑按照科技人员的指令，高效地对各种数据进行综合处理，迅速生成了飞船变轨的实施步骤。在飞船飞行至远地点高度时，

神舟二号飞船发射前夕

调度指挥员下达了变轨的指令。由于采用了先进的透明传输测控技术，指令通过相关测控站点的设备直接传给飞船，前后只用了2秒钟。接到指令后，飞船上的发动机一次点火成功，在发动机的推力作用下，飞船的近地点高度由200千米抬高到了340千米，成功地进入了圆轨道。

1月16日傍晚，当神舟二号绕地球进行第107圈飞行时，飞临南大西洋的预定海域上空。正在这里待命的"远望三号"船准确及时地捕获跟踪目标，向飞船发出返回指令。

此时，夜幕将内蒙古大草原罩得严严实实，严寒把天地间的一切都冻成了坚冰。整个飞船主着陆场一片寂静，各种跟踪测量设备翘首以待，时刻准备捕获目标。19时22分，神舟二号在遨游太空7个昼夜，飞行108圈后，返回了祖国的怀抱。

神舟二号首次在飞船上进行了微重力环境下的空间生命科学、空间材料、空间天文和物理等领域的试验。神舟二号返回舱与轨道舱分离后，马宇倩留在轨道舱中的3个探测器在1月14日那天按计划启动了。飞船发射前，马宇倩和数据系统主管徐玉明留在北京空间中心的测控中心的机房里，两班倒值班，但谁也睡不着。飞船发射成功，马宇倩心里却有着一份担忧。因为，伽马暴探测器要在三天后才运转，在环绕地球74圈时才开始通电工作。在三天等待的日子里，马宇倩坐卧不安，心里七上八下。

"密云上空发现目标！"1月16日，神舟二号飞过北京上空时，马宇倩双手捂住眼睛坐在计算机前，兴奋得不敢看第一批下来的

神舟二号飞船发射

数据。忽然，她听到电脑显示屏上"嘣"地给出一个信号。徐玉明叫了起来："马老师，有信号了，我们的愿望实现了。"马宇倩睁开了眼睛，仔细地端详着屏幕。这正是她和同事们在地面上演练了千百遍，熟悉得不能再熟悉的接收信号。这意味着，在太空中运行的伽马探测器捕捉到了一个伽马暴现象！

马宇倩不敢相信自己的眼睛，她把这一批探测数据回放了一遍，显示屏上脉冲一样的曲线表明，此时此刻宇宙发生了一次伽马射线壮观的大爆发，能量相当于 1000 亿颗原子弹。

当夜，马宇倩打开手提电脑，接通伽马暴全球定位网络 GCN，与美国的一位著名教授进行联络。教授证实确实有一次伽马暴发生："我们也测到了这个信号。"

听到这个权威的认证，马宇倩抑制不住内心的激动，这次迟到了20年的发现，是我国科学界第一次在宇宙中捕捉到伽马暴，从而实现了中国的首次高能天文观测，证明了我们的伽马暴探测器已达到了国际同类先进水平。神舟二号的轨道舱在轨运行的半年，马宇倩的探测器一共捕捉到了30个伽马暴，每一次，她都与伽马暴数据研究中心进行核实和对比，均得到了认证。同时，探测器还观测到太阳耀斑XT射线的近百次爆发，取得了一批有重要科学价值的数据。国际同行纷纷盛赞马宇倩的成功，认为她和同事们的贡献，属于中国空间高能天文观测的一次开拓性的突破。

神舟一号作为试验飞船发射过了，神舟二号作为正样飞船也发射过了，那么，接下来要发射的神舟三号一切都要按照"载人"的标准来进行研制，特别是要保证它的技术状态与载人飞船基本一致。

这时，王永志意识到一个问题，即将到来的首次载人飞行的决策一定十分艰难。到时候，凭什么说飞船可执行载人飞行任务了，依据是什么，大家是否都能认同，这些都将成为争论的焦点。而要客观准确地回答这些问题，有些工作必须现在就开始准备。于是，王永志建议，立即制定一个客观全面、科学合理的放行标准，到时候一切都按这个标准去衡量各个系统的工作，达到标准的就可以放行，达不到标准的也可以及时调整改进。

为了这个目标，王永志亲自抓"放行准则"的制定工作，他和工程总体专家们一道，根据对七大系统在技术和管理上的不同要求，分门别类地进行了深入细致的讨论，并亲自拟定了初稿。一年过去了，一份题为《载人航天工程首次载人飞行放行准则》的文件出台了。这份《准则》共10章63条，对无人飞行试验和地面试验验证、技术状态、可靠性、航天员安全性、产品的要求，都做了具体的规定。其中，最重要的是明确"首次载人飞行前，必须连续获得两次无人飞行试验的圆满成功"。这就对即将进行的神舟三号、神舟四号任务提出了严格的要求。

2002年9月30日，神舟三号飞船和火箭控制平台全部经空运抵达发射场。

10月3日，发射场的测试已经进行到了第三天。工作人员进行某项回路测试时忽然发现，传输飞船关键指令的穿舱插头有一个连接点出现不导通的故障。经过对全部插座进行测试后发现，有74个插座存在问题。但更换插座非常困难，一是飞船要开大底，二是74个插座、2000多个点，全部要在狭小的空间里操作，这比重新生产一艘新的飞船还要困难。

怎么办？总指挥曹刚川说："既然发现问题，就要查彻底。先'归零'吧。"于是，插头返回北京"归零"，袁家军带队赶往生产插座的厂家，发现是设计上的工艺缺陷。推迟发射，重新生产是最好的选择，但至少需要3个月时间。当时有些试验队已经进发射场了，撤场必然造成巨大的经济损失和发射的延误。

工程总体的压力很大，一时难以下决心。各系统的"两总"

云集北京参加紧急会议，400多人的试验队留在发射场等候消息。这次"两总"会开得很沉闷，谁都不知道该怎么表态，戚发轫虽然一言未发，但已是满眼泪花。

就在会议进行中，中央领导同志听说了试验遇到难题，给曹刚川打来电话，嘱咐他说："你们一定要保证产品质量，飞船什么时候能发射了，就定在什么时候。"曹刚川立即把领导同志的指示传达给了大家，及时地解除了大家的思想负担，最终决定插座重新设计、重新生产。

飞船推迟发射、试验队撤离发射场，这在中国航天的历史上是从来没有过的事情。现场的技术人员都不愿意接受这个残酷的现实，有的人甚至失声痛哭。戚发轫默默地站在已经组装好的飞船面前，伸手摸了摸自己亲手缔造的这艘飞船，泪水夺眶而出，过了许久，他才转过身来，轻声地对工作人员说了一句："撤吧。"

戚发轫的泪水里还隐藏着另外一份悲痛。

还是在神舟二号进场的那天，戚发轫的老伴被确诊为癌症晚期。老伴很想让戚发轫在她生命中最后的日子里多陪陪她，但嘴上却说："别分心，我没事，专心搞你的飞船吧。我还等着中国航天员坐咱们自己的飞船上天呢。"戚发轫比任何人都期望着飞船能早一天载着自己的航天员飞向太空。出现了这样的事情，他的心情怎能不悲痛。他的老伴终究没能等到那一天，在神舟三号"归零"的日子里，带着遗憾永远地离开了人世。

中国空间技术研究院召开了一次质量控制大会，袁家军宣布了一项决定："全院工作人员一年内工资下调 10%，直接从事载人航天的人员下调 15%。"袁家军本以为下面会议论纷纷，没想到会场竟鸦雀无声。他接着说："航天无小事，地面看着是芝麻大的事，放到飞船上就是天大的事。这次下调工资，也是让大家明白这个道理。但这件事，责任主要由我来承担，是我们的管理水平，还没有跟上工程的要求……"

神舟三号的事情还没有处理完，袁家军又接到另一条更坏的消息，正在生产的用于首次载人航天飞行的神舟五号飞船返回舱壳体发现了焊接错误。袁家军立即来到生产厂房。从检验人员口中了解到，其实这个错误他们在最初焊接的时候就已经发现了，但觉得不影响飞船功能，就没有上报。

问题虽小，隐患却大。可要解决这个问题，神舟五号飞船就得重新投产，无论进度还是经费，都是巨大的损失。可不处理呢，研究院上上下下这么多人，如果都抱着这样的态度，将来的工作可怎么得了？想到这里，袁家军把有关的技术人员都叫到了一起，问大家："你们说，我们的第一艘载人飞船允不允许带着问题上天呢？"

"不允许。决不允许飞船带着问题上天。"大家的回答是相同的，这意味着已经生产好的神舟五号飞船不能用来上天，要重新投产。可新的飞船重新投产了，那这个旧的返回舱怎么办？"把它作为警示钟放在厂房里吧，时时刻刻提醒我们，中国神舟必须完美，万分之一的瑕疵也不行！"袁家军为这个旧返回舱安排了最好的归宿。

针对飞船系统查出的问题，载人航天工程的其他系统也展开了一场翻箱倒柜式的"质量归零战"。本已整装待发的火箭，卸下车在北京待命。火箭系统利用这段等待的时间，把所有箭上、地面的插头都复查了一遍，也发现了一些不足，一一做了改正。

三个月后，一批经过重新设计、生产的专用插座生产出来了。袁家军亲自带队来到生产厂家，对插头逐个进行了可靠性试验，并在北京通过专家组鉴定验收后，才运抵发射场。

大大小小 70 多个插头、2000 多个点，要一个一个地测量、一个一个地记录。试验队的人员不够，发射场也派出了一批工作人员，一起做插头的拆换工作……

2002 年的春节就要到了，等候在北京多日的火车专列终于载着长征二号 F 火箭在满城的火树银花中向大漠深处启程了。2 月 2 日，专列驶进发射场测试厂房时，人们发现，白色的箭体上多了两个深蓝色的大字"神箭"。

3 月 25 日晚，发射场皓月当空，群星闪耀。"10，9，8，7，6，5，4，3，2，1，点火！"22 时 15 分，火箭在夜幕的衬托下，烈焰喷吐，雷鸣大漠，高举着神舟三号飞船向茫茫太空昂首飞去……

按照《载人航天工程首次载人飞行放行准则》，在成功进行两次无人飞行之后，将正式进行载人飞行。因此，接下来要发射的神舟四号虽然也是无人飞船，但意义却不一般。作为载人飞行前的最后一次彩排，是历次飞行试验中技术要求最高，参试系统

用于发射"神舟"飞船的长征二号 F 火箭垂直转运

最全、难度最大、考核最全面的一次，也是最接近载人技术状态
的最后一次演练。如果任务成功，就可以实施下一步的计划——
载人。相反，工程的后续计划将全部打乱。

神舟三号飞船返回舱搜救

2002 年 11 月的戈壁滩已是寒冬。神舟四号任务指挥部第一次会议在酒泉发射场一间简朴的会议室召开了，玻璃窗覆盖上了一层薄雾。在总指挥李继耐宣布了中央批准的发射时间之后，王永志拿出一份气象分析报告，提醒大家："现在已经入冬，根据气象报告，寒流会提前到来，预测温度会降到零下 20 ℃以下。"王永志的话让大家顿时感到了巨大的压力。因为，低温发射会导致火箭密封圈失效，引起燃料泄漏，诱发管路堵塞，造成电缆插头接触不良。尤其是火箭发动机的可靠性要求极高，倘若低温环境超越底线，后果不堪设想。1986 年 1 月，美国的"挑战者号"航天飞机失事，就是因为一个 O 形橡胶密封圈低温变形失效而导致的。所以，按照国际惯例，发射火箭时，气温不能低于零下 20 ℃。

罕见的低温就像一座无形的大山，压得人们喘不过气来。12 月 15 日，西伯利亚强劲寒流如期到了，而且一天冷似一天，大家心急如焚，都在担心低温会致使火箭不能如期发射。张建启请气象人员把场区 40 多年来的气象资料都找出来，统计出了每年的最低温度及出现的时间，看看历次发射时的窗口温度最低能低到什么程度。结果出来后，张建启非常吃惊，不但酒泉发射中心没有在这么低的温度下实施发射过，国内其他发射场也没有这么低温下的发射纪录。

12 月 20 日下午，星星点点的雪花不紧不慢地飘洒在发射场上空，能见度开始急剧下降，不久，地面就被大雪覆盖了，最低气温降至接近零下 30 ℃，远远超过了零下 20 ℃的底线。

大雪整整下了两天，22 日夜里终于停了。根据天气预报，24 日下午的最低气温为零下 9℃，符合转运条件。

12 月 24 日午后，工程副总指挥胡世祥等领导来到发射场。17 时整，火箭安全转运到了发射区。这时，距离预计的发射时间只剩下了 5 天。胡世祥下达命令，想尽一切办法，不惜一切代价，对火箭进行加温保温。

发射场成立了"火箭飞船抗寒抢险小组"，迅速展开一系列保温工作。工作人员奋战在 70 多米高的发射塔架上，刺骨的寒风像刀子一样割在脸上，手碰到冰冷的铁架，就会被粘下一层皮。他们先是弄来两台小型热风机，向火箭发动机舱内送热风。但火箭舱体是金属材料所制，受热快，散热也快，加之外面温度太低，热风送进去很快就凉了。随后，他们启动了 20 多台大功率空调，昼夜不停地给火箭强行送暖。再接着，又给火箭、飞船贴上泡沫塑料，再用几千瓦的电灯泡照烤。但是，火箭袒露在戈壁滩寒冷的冬夜里，热量很快就散去了。这时，指挥长一声令下，发射中心的解放军战士们火速扛来 200 多床棉被，一床一床地包裹在火箭和飞船的关键部位上，就像照顾刚刚出生的婴儿一样，连续三个昼夜守护在火箭身旁。

原计划的发射时间是 12 月 29 日，但天气预报说那天气温是零下 24 ℃，不具备发射条件，而 30 日气温可以回升到零下 20 ℃的允许范围之内。于是，黄春平和刘竹生建议推迟一天发射，胡世祥将这个意见上报了中央专委，获得同意。

12 月 30 日深夜，距离发射时间仅剩半个小时的时候，发射场忽然刮来一阵东南风，气温迅速回升到零下 18 ℃，达到了发射要求。0 点 40 分，随着一声惊天动地的巨响，火箭腾空而起，神舟四号飞船发射获得成功。10 分钟后，青岛测控站传来"船箭正常分离"的消息，飞船准确入轨，黄春平和张建启紧紧相拥。

神舟四号的技术状态和载人飞船完全一致。返回舱内增加了两个座椅，坐了两位"航天员"，虽然不是真人，但是航天员工作、生活、医护所需的物品，包括睡袋、压力服、太空食品以及着陆后遇到意外时所用的匕首、枪支、弹药等救生物品全部配齐。

"祝全国人民新年快乐！"2003 年 1 月 1 日零时 9 分，太空中传来了清晰、甜美的新年祝福声。这是神舟四号通过天地语音通信系统向全国人民发出的第一声问候。

2003 年 1 月 5 日晚，神舟四号环绕地球运行 107 圈后，成功返回内蒙古主着陆场，任务圆满完成。

神舟四号在太空飞行的日子里，空间应用系统全系统参加试验，共搭载了 52 件科研设备，其中，大气成分探测器等 19 件设备参加过此前的飞行试验，包括空间细胞电融合仪等 33 件设备均为首次上天。这次任务中，多模态微波遥感器第一次随飞船进入了太空，姜景山在地面焦急地等待着数据的传回。当十多万次的有效数据传回地面后，姜景山根据多模态微波遥感器探测结果处理出来的数据图表，欣慰地看到了大洋环流的过程，海面波浪、海风海温的数据；看到了大区域土壤水分、积雪、植被的分布状况……他满眼热泪地告诉在实验室等待结果的专家们，"我们成功了，数据准确，图像很美！"

同姜景山一样激动的还有郑慧琼。神舟四号在轨期间，细胞们在太空中举行了一次期待已久的盛大"集体婚礼"。植物细胞空间实验融合率为18.8%，成活率为53.6%。成功主持这一婚礼盛典的人，就是郑慧琼。她的烟草细胞"黄花一号"和"革新一号"在飞船上进行了成功的电融合，并产生了新的烟草植株。后来，这个烟草新品种长到了40厘米高，无论从花色、叶形和品质上，都大大优于它们各自的本体，为其他植物的细胞电融合展现了壮观的前景。它们向世界宣告：中国实现了人类第四次在太空中进行细胞电融合的壮举！

# 中国人来到太空了

在中国航天人艰苦卓绝的努力下，"神舟"飞船从一号到四号，一步步稳扎稳打走向成熟，为航天员出征太空铺平了通天之路。2003 年，神舟五号的发射进入了倒计时……

在戚发轫的设计中，"神舟"飞船具备 3 人 7 天的飞行能力，神舟五号原本是准备送两名航天员上天的，但在距离发射仅剩下 10 个月的时候，方案改变了。为了稳妥可靠、万无一失，工程总指挥部决定，神舟五号实施"1 人 1 天""白天发射、白天回收"的方案。2002 年 10 月 17 日，中央专委召开会议，同意在 2003 年，按照"1 名航天员、飞行 1 天"的方案实施首次载人航天飞行。

2003 年春节刚过，中国航天员大队的气氛开始变得紧张起来。5 年多的学习训练结束，航天员们即将面临"毕业考试"。当时我国载人飞行任务的密度不大，是用不了 14 名航天员的，当初之所以选拔了 14 个人，是考虑到了"淘汰率"的问题。美国和俄罗斯在航天员训练过程中的淘汰率一般为 50%。借鉴国外的经验，指挥部决定，在最后的考核中，不合格者将被淘汰。因此，这可以说是航天员大队成立以来最重要的一次考评，不仅要对每个人从思想、学习、训练、医学评价等方面进行全面综合的考评，而且还要根据成绩选拔首飞梯队。

2003年7月3日，航天员评选委员会揭晓了考评结果：经过5年零6个月、3000多个学时的拼搏，14名航天员全部具备了执行飞行任务的能力，予以结业。这一结果，标志着我国创建了具有中国特色的航天员训练体系，成为世界上第三个能够独立培养航天员的国家。更令世界航天界感到震惊的是，中国的航天员大队竟创造了淘汰率为"零"的奇迹。

此后的首飞梯队选拔中，评选委员会根据任务的需要和考试成绩排名，进行了第一轮遴选，从14名航天员中选出5人。杨利伟排名第一，其他4名航天员之间很多科目的分数仅仅相差零点几分。紧接着，5名航天员接受了将近两个月的强化训练。杨利伟成绩始终名列第一。在第二轮也就是"五进三"的选拔中，经过专家组无记名投票，他和排名第二、第三的翟志刚、聂海胜入选了"首飞梯队"。

神舟五号发射的日子定在了10月15日至17日之间，10月12日，一夜的秋雨让北京航天城笼罩在淡淡的晨雾中。首飞梯队成员将要奔赴酒泉卫星发射中心。7点45分，杨利伟和翟志刚、聂海胜依次走出航天员公寓，来到了送行现场。航天城一改平日里的空旷和安谧，杨利伟、翟志刚、聂海胜的家人，还有航天城的老老少少们早早赶来，敲打着锣鼓、挥舞着彩旗为他们送行。

大约3个小时后，飞机抵达了酒泉卫星发射中心附近的鼎新机场。这里正值金秋时节，秋霜将大片的胡杨林染成一片金黄，为弱水河两岸增添了一道浓郁的风景。

为了配合首次载人航天任务，酒泉卫星发射中心专门为航天员进驻发射场设计建造了一座"圆梦园"，航天员公寓"问天阁"就坐落其中。这是一幢黑白相间的两层徽式小楼，"问天"两字源自古代诗人屈原的名作《天问》。几千年前，古人就向苍天发出了无穷的感叹和向往，如今，诗人的千古理想、民族的千年梦想即将变成现实。

10月14日，载人航天工程指挥部举行会议，决定10月15日9时发射神舟五号。这次会议还有一项议题就是确定杨利伟为首飞航天员，翟志刚、聂海胜为候补航天员。

10月15日清晨，寥廓的戈壁滩上空晨星闪烁。首飞梯队的3名成员通过"问天阁"的航天员专用通道，来到"圆梦园"广场。广场上挤满了来自四面八方、身穿民族服装的人们。这里既有白发苍苍的老人，也有为"神舟""神箭"付出心血的参试人员，还有手拿鲜花的少先队员、威风凛凛的锣鼓队员，他们冒着严寒为杨利伟壮行。

杨利伟边走边向大家挥手致意，他也许没有想到，身着航天服的自己以及眼前的一切，已构成了亿万人眼中最美的图画。人群中，他看到戚发轫、刘竹生等研制飞船和火箭的科学家们正在注视着他。杨利伟从眼神中读懂了他们要说的话："放心吧，我们的火箭是金牌火箭，我们的飞船也是最好的，你一定能平安归来！"杨利伟充满感激地向他们微笑示意，然后走到预定的位置站定，向总指挥李继耐立正、报告："我奉命执行首次载人航天飞行任务，准备完毕，待命出征，请指示！中国人民解放军航天员大队航天员杨利伟！"

"出发！"李继耐庄重地下达了出征令。

"是！"杨利伟向李继耐再次行军礼。随着这个标准的军礼，周围一片灯光闪烁——中国首飞航天员的英姿永远定格在记者们的镜头里，记录在摄像机流动的画面里。

"杨利伟，杨利伟，我们盼着你胜利归来！""祖国期待着你的凯旋！"在此起彼伏的呼喊声中，杨利伟带着56个民族同胞的共同祝愿，向着迢迢天路出发了。

首飞梯队成员聂海胜（左）、杨利伟（中）、翟志刚（右）在神舟五号载人航天飞行任务航天员出征仪式上

首飞航天员杨利伟向载人航天工程总指挥李继耐报告出征

晨雾中，由警车、摩托车、特护专车组成的车队浩浩荡荡驶出"圆梦园"，驶过千年胡杨林，驶过潺潺弱水河，向着中国载人航天发射场飞驰而去。

历史性的时刻在一分一秒地接近。当传来"1分钟准备"的口令声时，杨利伟躺在了特制的座椅上，安稳地注视着前方，静静地等待着那辉煌一刻的到来。

9时整，金色阳光铺满了天空下的戈壁。"10，9，8，7，6，5，4，3，2，1——"，发射场前方传来零号指挥员郭保新清晰的十秒倒计时声音。杨利伟也在心里默默地数着，当数到"4"的时候，他情不自禁地举起右手，敬了一个标准的军礼，用这样独特的方式来感谢党和祖国对他的信任，感谢人民赋予他这样重大的光荣使命。

"点火！起飞！"随着倒计时的终结，火箭的尾部发出巨大的轰鸣声，8台发动机同时喷出炫目的烈焰。几百吨的高性能燃料在杨利伟的身后熊熊燃烧，逃逸塔分离，助推器分离，一、二级火箭分离……9时9分47秒，甩掉最后一级火箭的飞船进入了预定轨道。10分钟后，根据北京、西安两个测控中心和大洋深处的"远望二号"测量船的测算结果，传来了飞船准确入轨的精确参数：近地点是200千米，远地点是347千米。杨利伟听到地面的欢呼声后，摘下手套，在《飞行日志》上写道："为了人类的和平与进步，中国人来到太空了！"

15时54分，神舟五号在太空中飞行到第5圈时，变轨程序启动，飞船尾部喷出橘黄色的火焰，船体加速飞行，进入了新的圆形轨道。

在太空中飞行，飞船绕地球每转1圈需要90分钟，由于当时的测控能力有限，每一圈只有十几分钟的时间可以与地面联系。正是这几个"十几分钟"，让杨利伟没有感到丝毫的孤独和恐惧，而且在21小时23分钟的飞天之旅中，他的全部操作没有出现一次失误。当飞船飞行到第7周的时候，杨利伟展示了中国国旗和联合国旗帜，表达了中国人民和平利用太空，造福全人类的美好愿望。

10月16日4时19分，神舟五号环绕地球飞行了整整14圈。5时35分，北京航天指挥控制中心向神舟五号注入返回数据。飞船的返回虽说只有短短的几十分钟，却比上升段、在轨段更具危险性。从某种意义而言，能否安全返回才是检验任务成败的关键。5时58分，返回舱与轨道舱、推进舱相继分离。6时04分，返回舱进入大气层，"接力棒"正式交给着陆场系统的工作人员。

这是一个令人揪心的时刻，飞船返回舱距地面不到100千米，正以每秒7.8千米的速度高速飞行。返回舱与大气剧烈摩擦产生的激波，使返回舱表面与周围气体分子呈黏滞状态，形成一个高达几千摄氏度的高温区。高温区内的气体和返回舱表面材料的分子被电离成等离子体，形成一个等离子区，像套鞘似的包裹着返回舱。因为等离子体可以吸收和反射电波，造成返回舱与外界的无线电通信衰减，甚至中断，飞船进入了这个"黑障区"后，瞬间与地面失去了联系。杨利伟承受着比发射升空时更为强烈的载荷冲击力，他无意中向舷窗外望了一眼，只见通红的火焰在"呼呼"燃烧，有很多又亮又白的东西"唰唰"地从旁边划过。在距离地面40千

神舟五号返回，工作人员为杨利伟打开舱门

神舟五号航天员杨利伟自主出舱

米时，飞船终于飞出了"黑障区"。

"回收一号发现目标！"6时06分，清晰的报告声打破了草原黎明的寂静。神舟五号返回舱刚进入测控弧段，雷达操作手就一举捕获目标！"空地搜索开始！"6时11分，着陆场系统总指挥夏长法下达命令。空中5架直升机在晨曦中疾速飞行，地面10多台搜救车在草原上疾驰，此起彼伏的调度口令在夜空中穿梭。一张立体搜索网在天地间迅速展开。

"743号直升机目视目标""草原一号目视目标"，6时18分，空中和地面同时传来了报告声。返回舱拖着红白相间的巨大降落伞，在直升机的正前方徐徐下降……6时23分，神舟五号降落在阿木古郎牧场上，距理论着陆点仅4.8千米。这个距离对于飞船着陆来说是非常精确的，相当于射击打了十环靶标的好成绩。

当杨利伟自主出舱，跨出舱门时，他被眼前的场景震惊了。草原上挤满了记者、警卫和献花、献哈达的人们，每个人都透着一种喜悦。蒙古族群众按照传统的礼节，给远方归来的贵客献上了洁白的哈达。许多双手把他抬了起来，人们的眼里都闪动着激动的泪花，深秋的草原已是一片欢乐的海洋……

从此，中国成为世界上第三个能够独立开展载人航天活动的国家，中国载人航天工程取得历史性的突破。

飞天

# 一个跟头翻出的荣耀

神舟五号任务的成功实现了"三步走"战略的第一步：突破和掌握了载人飞船的天地往返技术。紧接着的第二步目标是：突破和掌握太空出舱和空间飞行器的交会对接技术，发射空间实验室，解决有一定规模、短期有人照料的空间应用问题。

2004 年 1 月，一个冬阳普照的日子，火箭专家刘宇被任命为火箭系统的总指挥。他接手的第一项任务就是在即将到来的一年间，研制完成用于发射神舟六号飞船的长征二号 F 火箭。如何继承前人的辉煌，怎样开拓创新，是他面临的最大困难。

除了压力之外，还有一个长期困扰在刘宇心里的问题不得不面对。几个月前，杨利伟从太空返回后，曾告诉刘宇和刘竹生，火箭上升到三四十千米的高度抛掉逃逸塔后，出现了比预想要严重得多的箭体振动。长达 26 秒的强烈振动让他有濒临死亡的感觉。而在此之前，箭体的振动频率被认为对航天员是没有影响的。

杨利伟所描述的其实是一种共振现象。简单地说，就是当一个外力的振动频率与一个物体的固有频率相等时，会使这个物体的振动放大。

第一次世界大战时，一队士兵迈着整齐划一的步伐通过一座大桥，由于行军脚步的频率与大桥自身的振动频率恰好相同，竟然致使一座大桥瞬间坍塌，人落谷底，全军覆没。人体对10赫兹以下的低频振动非常敏感，它会让内脏产生共振。而对飞船上的杨利伟来说，振动叠加在几倍体重的负荷上，自然更是难以忍受甚至是致命的。

　　这是"长征"系列运载火箭第一次载人上天，共振情况也是首次被发现。从上级领导到普通研制人员都很关注这个"陌生"的问题，可要准确判断出症结所在绝非易事。

　　航天科技集团公司副总经理许达哲作为主管领导，和刘宇、刘竹生商量后决定，在研制新的火箭之前，首先要解决旧的问题。许达哲特意把一批有丰富工程经验的老专家、老院士请来，成立联合分析小组，一起进行"会诊"。他们收集了从发射神舟一号到神舟五号时火箭的所有数据，一步步分析查找、一项项加以验证。

　　数据分析工作不仅复杂，而且枯燥，面对不知从何下手的研制人员，刘竹生给大家举了一个钟和磬的例子。一座寺庙里的钟和磬因为发生了共振，总是同时响起来，和尚们都以为庙里在闹鬼，惶惶不可终日。后来，有人来到庙里，把磬锉掉了一小块儿后，钟和磬便相安无事，再也没有同时响起。大家听后明白了刘竹生的用意，火箭的振动和这个例子要说明的问题是一样的。但就是这个看起来并不复杂的问题，刘宇和刘竹生却带着大家苦干了一年多。400多个日日夜夜里，他们先是确定机理，之后从火箭一级发动机工作的0—140秒中，逐秒、逐段地查找振动频率，寻找问题"元凶"。

2005年3月，在火箭进入总装准备阶段时，这个困扰研制队伍1年多的问题终于得到了定位，火箭系统的副总设计师张智找到了原因。发射神舟五号时，火箭发动机造成的推力脉动与火箭结构振动频率在飞行的某一时间段接近和重合，造成了意外的共振，频率是8赫兹。而8赫兹的频率恰好是人体器官的频率，会加剧人体的不适感。这种现象在专业上被称为"谐振"或"耦合振动"。为了进一步确认这个结论，张智对火箭进行了真实状态的全箭振动试验和助推器振动试验，摸清了箭体结构纵向一阶频率和助推器、芯一级的管路液体脉动的频率范围，证明了判断的正确性。

为了消灭耦合振动现象，他们再次进行了助推器氧化剂管路的水介质和模拟介质振动试验、船罩组合体振动试验和全箭振动试验，在不同的飞行时段采取了不同的抑制参数。接下来，就是重新研制火箭发动机输送管路上的一个对振动频率有很大影响的装置——蓄压器。一般情况下，从画出图纸到拿出成品，研制蓄压器需要8个月时间，但为了赶进度，刘宇5次往返于试验场和协作厂家之间，亲自督战，日夜兼程，仅用了两个半月时间就完成了任务。2005年6月，新研制的蓄压器经过测试后，输送管路内液体的频率与火箭结构的振动频率已完全错开，谐振现象基本消失了。

运载火箭系统总指挥刘宇（右）与总设计师荆木春（左）在任务现场

　　故障解决了，正当大家要松口气时，刘竹生又下达了一项新的任务，为逃逸发动机配备安全点火机构。对于这一措施，大家有些不理解，毕竟火箭在设计中，已经安装了足够的保险措施，基本上可以保证航天员的安全。刘竹生却说："这样的保险措施，虽然我们已经采取了很多，但载人航天，必须在高安全性、高可靠性上下功夫，我们应该有一种思想，始终认为自己做得还不够，安全性和可靠性没有终点。"听了刘竹生的话，大家愉快地接受了任务，在大家的共同努力下，不仅安全点火机构的研制任务提前完成，而且还制定出了一套非常完善的故障对策，一旦火箭出现安全问题，航天员可以迅速脱离危险区。

　　火箭系统增加的图像测量系统，是用于发射神舟六号的火箭的新亮点。以往火箭发射时，科研人员只能通过遥测数据判读火箭在飞行过程中的表现，而不能直观地观测火箭的飞行状态和各种分离动作。而增加这个系统后，人们可以第一时间近距离地看到火箭飞行的相关姿态。用于观测火箭运行状态的两个摄像头，一个装配在整流罩内，一个安装在箭体上，可以向地面实时显示最直观的火箭飞行情况。

虽然刘竹生早就有为火箭加装这个系统的打算，但限于过去我国图像压缩技术水平还不高，这个想法一直没有付诸实施。为了早日为火箭装上这只"神眼"，刘竹生组织设计人员从初样研制到产品生产，用了1年多的时间，逐一攻克了高动态下的传输延时和马赛克等高难度的技术问题，设计生产出令人惊叹的图像测量系统。这个系统安装后，还将为火箭的环境适应性提供依据，并可以根据飞行环境监测，为改进火箭的环境适应性提供依据。

神舟六号任务的来临，对新一代的航天人来说，是一次机会，也是一次考验。

任务下达后，神舟六号相对于神舟五号，结构虽然没有改变，但技术状态却截然不同。两名航天员在太空生活工作多天，衣食住行、冷凝水的收集、进出轨道舱安全等诸多新问题，一下子凸显在了刚刚接任总指挥的尚志和总设计师的张柏楠面前。

与之前的5艘神舟飞船相比，神舟六号变化最大的当数航天员要从返回舱进入轨道舱。两舱之间有一道圆形的舱门，用于为返回舱提供密封环境，以确保返回舱的舱内压力。由于它连接的是两个独立的舱室，如果两个舱室气压不同，舱门要么无法开启，要么会被弹开，撞击到航天员身上，对航天员造成伤害。舱门的密封性也至关重要，飞船返回前，两舱分离后，舱门必须严丝合缝地关闭，一旦漏气，返回舱在几秒钟之内就会变成"真空世界"。航天员从返回舱进入轨道舱，首先要打开的就是这道门。打开舱门的风险相对不大，关键是关闭舱门后能不能够保证密封，再入过程中会不会出现问题。因此，航天员进入轨道舱，是对飞船整个生命保障系统的全程考核，而这道舱门可以说是一道航天员的"生命之门"。

为了保证这扇门开关准确自如、绝对密封，张柏楠带领飞船结构与机构分系统的技术人员做了上万次试验，从改进密封性能、在轨检漏、舱门清洁等方面摸索出了一套规律，增加了8道"安全锁"。

第一道"安全锁"，是要确保设计加工准确无误。神舟六号的舱门设计和加工工艺十分复杂，仅设计图纸就有100多张。张柏楠带领科研人员边攻关、边试验、边总结，找到最佳数据，保证每一个零件和每一个尺寸都准确无误。

第二道"安全锁"，是在舱门安装密封锁。为了保证密封性，舱门设计了6把联动杆锁，只有这6把锁全部到位，舱门才能锁上。同样，打开舱门也必须完成一系列动作才可以解锁。为避免操作失误，还专门设计了一个防误开关，只有首先打开防误开关，才能进行下一个动作。

第三道"安全锁"，是用双保险来保证密封性。科研人员为舱门加了两道密封圈，安装在舱门的金属面周围，确保密封。

第四道"安全锁"，是利用"秘密武器"除掉绒毛。舱门金属圈上的密封圈上哪怕沾有细微的头发丝或绒毛，都可能导致舱门发生泄漏。而在太空飞行中，舱内飘浮物沾到密封圈上又不可避免。为此，科研人员找到了一种类似湿巾的无腐蚀、无气味、不掉毛的特殊材料，用这种材料擦拭密封圈不留水迹，不产生静电，又能一尘不染。

第五道"安全锁"，是舱门快速检漏仪。按常规做法，舱门检漏的方法是先把舱门密封起来，过一两天后再检查舱门压力，看看降低了多少。但航天员在太空中不可能等这么长的时间。为此，他们专门设计了一套快速检漏装置，可迅速判断漏气状况。

第六道"安全锁"，是为航天员设计了脚踏板。航天员在太空中常常是有劲没法使，为了保证操作方便，特意为航天员设置了许多着力点，手脚怎样用力，用多大的力，都有详细的规定。

第七道"安全锁"，是采用多种手段试验可靠性。为了提高舱门的密封性和操作的灵活性，采用降低摩擦等手段控制加工精度，能觉察出小如毛发和绒毛的异物。同时，根据不同的故障模式，在专门的真空罐里做开关舱门试验，保证舱门性能标准高度可靠。

第八道"安全锁"，就是让航天员在模拟失重条件下反复进行训练，熟练掌握操作要领。

除了舱门之外，飞船舱内的环境也是危及航天员生命的又一关口。从环境控制和生命保障技术来讲，两人的多天飞行，意味着产品规模和运行周期发生了很大变化，耗氧、产热、产湿、呼出二氧化碳都比"1人1天"多得多。飞船舱内的有效容积只有5.5立方米，两名航天员生活工作在里面，两三个小时湿度就会饱和。如果舱内空气不流通，呼出的二氧化碳就会自然堆积，滞留在口鼻附近，导致呼吸困难甚至窒息。所以，神舟六号任务对首次使用的生命保障系统也是一次考验。大到饮水储蓄箱、大小便收集箱，小到食品加热器、注水器等，160多件产品每一件产品都与航天员的太空生活及健康息息相关，这就对它们的整体性、匹配性，与外系统的协调性、接口关系等提出了很高的要求，尤其是调压供氧、通风净化等关键部件，一旦出现故障将直接危及航天员的生命安全。

为了"万无一失"，张柏楠率领队伍在地面营造了一个与太空相同的环境，模拟航天员太空七天七夜的生活，验证了湿度控制技术和通风换热技术的合理性。为增强冷凝水收集能力，他们扩大了飞船上冷凝水箱的容积，增加了被动的吸湿材料，保证船上设备能在湿度90%的环境下正常工作。

2003年春节前夕，已经苦干了一年多的飞船研制人员都在盼着这个一年中唯一可以放假的节日能好好休息几天。有些家在外地的技术人员提前与同事倒班替换，想早走几天。可谁承想被尚志不近情理地制止了。已经买了机票和车票的人，不管什么情况一律退票！此令一出，有的年轻人哭着找到尚志，说家里的老人在眼巴巴地等着团聚，希望通融一下。面对此情此景，尚志尽管心里理解同情，但仍下狠心坚持决定。这个"口子"不能开，一旦有人在正式放假前离开，必然导致更多的人"人心涣散"，产品质量肯定会受影响。经过层层做工作，大家对看似不近人情的尚志表示了理解。在这样的近乎"铁腕"的管理手段下，各个分系统的研制任务按照计划节点保质保量地完成了。

2003年11月，北京航天医学工程研究所召开了一次全体航天员参加的会议。胡世祥宣布：神舟六号任务即将展开。听到这个消息，每个航天员都感到了一阵激动。新的任务列入日程，就预示着又一次圆梦的机会即将到来。但大家也清楚，机会只能属于少数人。要想真正飞向太空，他们还要通过一次更为严格、苛刻的选拔。

经过7年的学习训练，许多航天员已经不再年轻，但他们仍用毅力和汗水将枯燥的重复性训练坚持了下来。虽然神舟六号的航天员只有两名，但在备战任务的两年多时间里，每一个航天员都力求以最好的成绩接受祖国挑选。

2005年8月24日，航天员评选委员会决定，由费俊龙和聂海胜组成的乘组执行神舟六号任务。费俊龙比较活泼，他是空军航校教员出身，是14名航天员中唯一的特级飞行员，在处理事情时协调能力很强；聂海胜在神舟五号任务时就是首飞梯队成员，他性格稳重，做事踏实，有很好的配合精神。

10月12日凌晨5时05分，航天员出征仪式即将开始的时刻，一片降雨云系忽然到达发射场区上空。由于强低温的缘故，降雨变成了降雪，雪花洋洋洒洒地飘落了下来。就在人们纷纷猜测神舟六号能否按时发射时，费俊龙和聂海胜走出了"问天阁"，他们把纷纷扬扬的雪花当作壮行的花瓣，踏雪出征。白色的航天服，标准的军礼，出征仪式简洁而有力。让人回味良久的是费俊龙洪亮的声音和聂海胜憨厚的笑容，还有他们相同的表情，透着刚毅，透着信心，透着力量。

5时40分，就在费俊龙和聂海胜登车前往发射场的一刹那，雪花戛然而止，戈壁滩迎来了徐徐清风。

9时整，"点火"命令下达，巨大的轰鸣声中，托举着神舟六号的长征二号F型运载火箭稳稳地离开了发射台。第一次安装在火箭上的摄像头，把火箭一路飞行的画面实时传送到北京航天飞行控制中心的大屏幕上。

12日17时03分，飞船进入第6圈飞行时，北京下达了"打开返回舱平衡阀"的指令。费俊龙离开返回舱座椅，聂海胜用手轻轻护着舱门，费俊龙把助力绳轻轻一拉，熟练地将舱门打开，随即缓缓穿过舱门，进入了轨道舱。

两天后，费俊龙和聂海胜完全适应了太空生活。费俊龙想起，他曾在国外的一些航天资料中看到过航天员在太空做空翻的镜头。他想，如果他也做个空翻，就能让全国人民都看到他们轻松愉快的样子，还可以证明外国航天员能做到的，中国航天员一样能做到。于是，费俊龙蜷曲身体，一连做了4个前空翻。这4个前空翻，用了3分钟时间，以飞船每秒7.8千米的飞行速度计算，一个

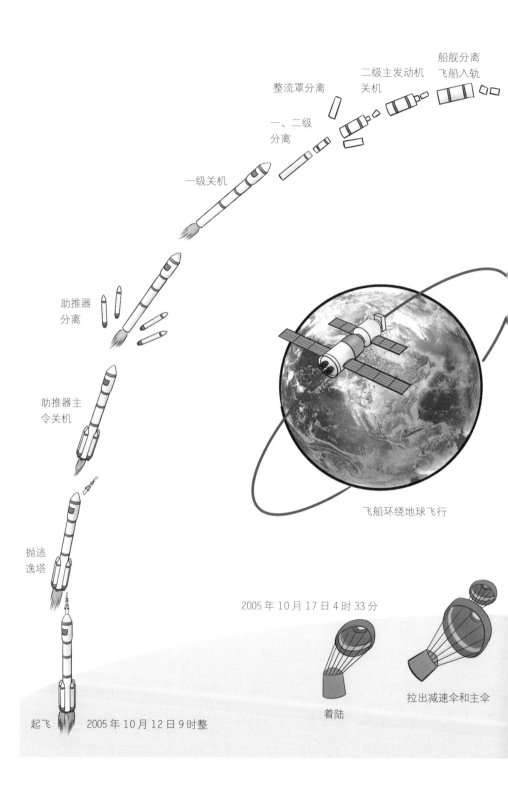

船舰分离
飞船入轨

二级主发动机
关机

整流罩分离

一、二级
分离

一级关机

助推器
分离

助推器主
令关机

抛逃
逸塔

飞船环绕地球飞行

2005 年 10 月 17 日 4 时 33 分

拉出减速伞和主伞

着陆

起飞　2005 年 10 月 12 日 9 时整

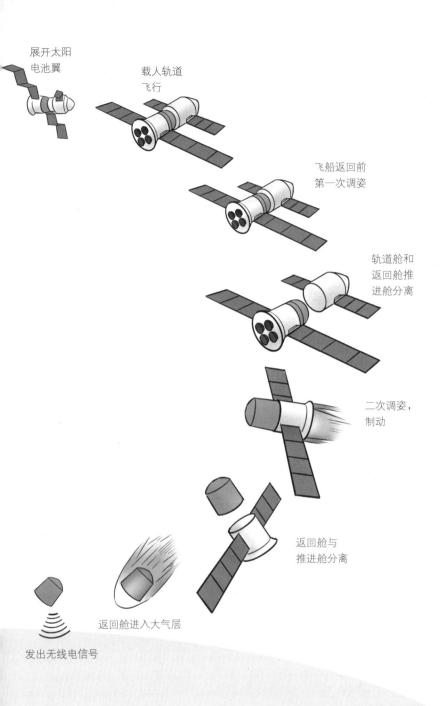

展开太阳
电池翼

载人轨道
飞行

飞船返回前
第一次调姿

轨道舱和
返回舱推
进舱分离

二次调姿，
制动

返回舱与
推进舱分离

返回舱进入大气层

发出无线电信号

神舟六号飞船发射返回全程图

"跟头"就飞了300多千米。费俊龙用自信而极富创造性的工作，将祖国的荣耀又一次写上了太空。

10月17日凌晨，神舟六号在飞行了近5天，绕地球77周，行程325万千米之后，回到祖国的怀抱。随着这次任务以零缺陷圆满收官，我国已经掌握了飞船较长时间在轨载人飞行的技术。

# 从"海鹰"到"飞天"

按照中央批准的《关于实施载人航天工程第二步任务第一阶段研制建设工作的意见》，工程第二步第一阶段的任务是，发射神舟七号飞船，突破和掌握航天员出舱技术，此后再开展空间交会对接试验，掌握相关技术。

出舱是载人航天工程需要突破的三大技术之一。掌握了这项技术，就可以为下一步建造空间站、在轨维护航天器、开展外太空试验，以及未来载人登月等，奠定重要的技术基础。

要想实现出舱，神舟七号任务首先要突破和攻克舱外航天服的研制。

舱外航天服顾名思义就是专门为航天员出舱活动设计的航天服，主要作用是避免出舱过程中的一些危险因素，服装内要给出舱活动的航天员提供大气压力、氧气供给、温湿度控制等；出舱后，不能出现泄漏，还要耐受高低温的骤变，并对宇宙辐射和空间碎片的撞击具有防护功能。可以说，舱外航天服是浓缩了的舱外生命保障系统，相当于一个小型太空舱。

按照最初的计划，中国在 2007 年发射神舟七号飞船，从俄罗斯引进"海鹰"舱外航天服来完成首次太空出舱活动。然而，很多老一代专家得知这一消息后，却表达出了另一种呼声。他们说，舱外航天服技术是出舱活动的关键技术，如果无法突破，就等于是说在出舱活动这个领域，我们没有任何进步。而且，这与我国载人航天工程立足于自我研制、自我发展的整体思路和战略背离，不利于工程的长远发展。专家们的意见都对，但如果采用我国自行研制的舱外航天服实施出舱，就面临任务进度紧张与技术攻克困难的尖锐矛盾，怎么办？难题摆在了新任工程总设计师周建平的面前。

周建平经过与大家的再三斟酌与论证，最终决定，航天员穿中国自己研制的舱外服进行"太空漫步"。

2004年9月23日，由航天员系统提交的《舱外航天服系统研

王永志、周建平等在载人航天工程研制一线调研

制总体技术方案》通过了专家评审。方案明确了几个要点：中国的舱外航天服采用软硬混合结构，形态呈拟人态，高 2 米左右，其中背包高度为 1.3 米，服装四肢可调节，适合 1.6—1.8 米的航天员穿着；在地面上自行穿脱需 2—3 分钟，在太空从开始准备到完全穿好约需 15 分钟；加注状态下约重 120 千克；出舱活动期间采用 40 千帕的纯氧压力制度，抗压能力为 120 千帕；外层耐温控制在 ±110 ℃之间；可独立工作 4—6 小时；可靠性指标为 0.997；造价约 3000 万元。

2005 年 3 月，航天员系统完成了舱外航天服的系统总体方案设计和各分系统方案设计。中国载人航天工程办公室对外宣布：2007 年，中国要实现航天员出舱，在太空行走。工程有关领导在向中央专委汇报时表示，2007 年 11 月可以具备发射神舟七号的条件。中央领导同志并没有马上批准这个方案，而是对工程负责同志说，研制工作不要抢进度，一切服从质量。如果 2007 年有困难，发射时间可以推迟。根据中央领导的指示，工程总体决定，将神舟七号的发射时间从原定的 2007 年调整到 2008 年。

为稳妥起见，进行"太空漫步"时，采用"一中一俄"的模式，也就是说，出舱活动任务由一名航天员穿中国的舱外航天服执行，另一名航天员则穿俄罗斯的舱外航天服进行协助和支持。

舱外航天服的研制主要有 4 项关键技术和 3 个技术难点需要突破。4 项关键技术分别为舱外航天服关节技术、舱外手套技术、水升华器技术和风机小型化技术；3 个技术难点分别为外防护层织物材料技术、静态水气分离技术和二氧化碳传感器技术。研制工作又下设了本体结构、环控生保、医监遥测和控制显示4个分系统，调动了全国相关领域的最优秀资源，吸纳了顶尖专家的意见。

舱外航天服的研制，每项技术都是空白、每个难点都关系着任务的成败。航天员系统总指挥、总设计师陈善广专门安排航天员系统副总指挥刘新民和舱内航天服的主任设计师李潭秋来负责立项及方案设计，工作随即展开。

陈善广明白这不是一场轻易可以打赢的战役，一个很重要的原因，就是时间不足。根据美、俄两国的经验，在技术储备缺乏的情况下，即便是拥有世界一流的研发力量，研制舱外航天服也至少要8—10年。但这时距离神舟七号发射的预定时间只剩下不到4年。之所以确定4年，是根据国际上的经验和教训，如果一个国家间隔时间太长没有进行载人飞行，就会出现资源闲置和人才流失，甚至影响未来的战略目标。对正在建设中的中国载人航天工程来说，4年已是极限。可用不足4年的时间跨越美俄几十年的研发水平，挑战无疑是巨大的。

针对这个问题，陈善广提出了"时间倍增器"的概念，时间还是那么多，但工作量要成倍统筹地增加，效率要突飞猛进地提高。李潭秋更是想尽一切办法争取时间，加快速度，他对大家说："我们就是倒也要倒在终点上。"

为了实现承诺，李潭秋打破常规的研制节奏，采用并行迭代的工作模式，凭借"863计划"预研的少量成果和几张图纸，开始了背水一战的攻关。研制初期，刘新民和李潭秋遇到的最大难题是，尽管进行了前期预研，但舱外航天服大到整体结构和外形，小到元器件、原材料的性能指标，每一个都是难点，一针一线都需要从头设计，所需的设施、设备也要边研制边建设。在方案、初样、正样三个阶段，产品设计、工艺设计、生产制造，每一阶段研制成熟后，就分出一部分人员先期进行下一阶段的攻关。就是在这样的并行组织和统筹管理下，方案研制一般需要3—4年，他们仅用了两年多；初样研制一般需要3年，他们仅用了13个月；正样研制一般需要一年半至两年，他们只花了7个月。

舱外航天服的躯干是一个跟人体附形的铝合金薄壁硬体结构，设计壁厚仅1.5毫米，虽然薄如蝉翼却要求极高，抗压能力要超过120千帕，还要经得起地面运输、火箭发射时的震动，连接服装的各个部位要能够承受整套服装120千克的重量。躯干结构还有6个接口，焊接起来很容易变形，火箭总装厂、卫星制造厂和全国各行业最好的焊接技师集体攻关两年之久才攻克了这一难题。

航天员出舱活动的目的是到舱外进行维修、安装等活动，所以，舱外航天服的上肢部分非常重要，既要保证气密性和强度，又要让关节灵活自如。这个难题曾经让李潭秋苦恼不已，经过了无数次的论证、推翻，再论证、再推翻，但还是一筹莫展。一天吃饭时，工艺师李智望着盘中的大虾，突然闪过一个想法，虾的全身也是硬壳，可为什么就能行动自如呢？他拿起一只大虾，仔细观察它的身体构造，发现虾的随动结构之所以好，是因为层叠的虾壳给了它很大的灵活性。李智灵机一动，如果把虾壳的结构搬到舱外航天服上肢的部位，那航天员的活动会不会自如得多呢？

第二天，李智把想法告诉了李潭秋，李潭秋立即组织人员仿照虾的构造试着做了一个套接式的关节结构。曾经看似矛盾的两个要求迎刃而解，这个独特的"滚、旋、套、叠"结构的活动关节成为舱外航天服的创新亮点之一，而利用仿生学原理来设计舱外航天服的结构，也成为世界航天史上的首创。

舱外航天服手套是航天员舱外活动时最重要的装备，是人体移动、设备操作和取回有效载荷的关键部件，既要具有良好的操作灵活性和触感，又要具有长时间抓握 ±50 ℃、短时间抓握 ±110 ℃物体的防护性能，还要具有良好的气密性和抗压性。所以，这双手套既不能太薄太软，又不能太厚太硬。为了挑选出合适的材料，李潭秋和研制人员跑遍全国所有具备技术能力的单位，仅橡胶材料这一项就进行了半年多、上百次的筛选试验。通过对比材料的拉伸强度、定伸应力、拉断伸长率等性能后，确定了最终的材料配方，集合了 12 种织物、8 种橡胶、7 种金属材料。

为了使手套符合每位航天员的手形，他们采用白光扫描技术对全部航天员的手进行了三维扫描，提取了手部的数字特征，获得了精度达到微米级的三维手形数据，经航天员试戴后，可满足全部航天员的要求，总体技术达到了世界先进水平。同样，舱外航天服的最外层使用的防护材料是国内最昂贵的服装面料，可以在 ±100 ℃的温差范围内保持良好的强度。同样，整套服装既有硬结构也有软结构，既有机械工艺也有纺织工艺，经过全国数十家配套单位的齐心协力、分头攻关，终于攻克了这一个个科技堡垒。

2005年4月至2006年4月，舱外航天服的4项关键技术和3个技术难点的技术攻关和样机研制不仅全部完成，还并行完成了舱外航天服配套单机模样产品的设计和生产。

2006年4月，舱外航天服的研制即将进入方案末期时，由于材料和制造工艺不成熟，躯干结构制造过程中发生破损问题，工程总体要求躯干材料需要重新调整。舱外航天服的整体结构多由航天企业制造，此时，其他产品已完成模样研制，唯独等着躯干列入总装平台。面对这一突发情况，李潭秋和设计师、工艺师们全部自动留守加班，集中到现场，又经过上万次的尺寸测算，重新设计出了200多份高质量的图纸。3个月后，全新的躯干模样研制成功，模装舱外航天服配套单机产品齐套并交付总装。5月31日，模装舱外航天服通过了验收。这是我国第一套经过系统集成和调试的舱外航天服，虽然整体上还不够完善，但实现了零的突破。

8月31日，舱外航天服的研制转入初样阶段。这是一个承上启下的关键阶段，对研制队伍来说，也是工作最繁重、考验最严峻的阶段。在不到一年半的时间里，不仅要完成结构服、环试服、电性服等5套初样舱外航天服的总装、改装和试验，还要完成低压试验服和2套常压训练服的研制。产品生产、服装总装、系统试验，以及试验设计与试验平台建设等过程始终处于交叉并行的状态。面对这些任务，既要按研制的客观规律办事，把风险控制在最低限度，又要千方百计地争分夺秒抢进度，最大限度地利用时间资源，确保各个环节紧密衔接。

2006 年 10 月至 2007 年 1 月，初样状态舱外航天服的结构服完成总装，并通过了力学环境试验、常压综合测试和工效学测试。2007 年 1 月至 6 月，舱外航天服完成了环试服、电性服总装，并进行了力学环境试验、常压综合测试、低压综合测试、接口匹配试验、电磁兼容性试验和安全性验证试验。5 月至 10 月，结构服的热控服改装和强度服改装完成，并分别进行了系统热平衡试验和系统强度试验。10 月，第一套舱外航天服的初样出炉亮相。

10 月 31 日，舱外服的研制转入正样阶段，这是经受试验考核的最终环节。2007 年年底到 2008 年年初，第一套舱外航天服及各项配套产品陆续交付。2008 年 3 月，正样低压训练服开始总装，并完成了无人低压舱试验，具备了交付航天员进行低压舱训练的条件。

中国自主研制的舱外航天服被命名为"飞天"。

神舟七号任务要攻克的第二项关键技术是气闸舱的改造。气闸舱也叫"气压过渡舱"，它的作用是支持航天员在气密舱与外太空之间的过渡，从而完成出舱活动。它的功能类似于长江三峡大坝的船闸，不同的是船闸用来调节水位，气闸舱用来调节气压。航天员出舱前，气闸舱快速泄出空气，使舱内压力接近真空状态下的零气压；航天员返回后，气闸舱又快速将压力恢复至一个标准大气压。

国外的载人航天器有专门的气闸舱。我国的飞船专家也打算为神舟七号量身定制一个气闸舱。因为有神舟五号、神舟六号的技术基础，气闸舱的研制曾被认为难度不会太大。在方案论证的时候，张柏楠准备重新造一个气闸舱，但想法一提出，就引起了不小的争议。赞成的人认为，我们完全有能力、人力和物力来实现这一要求；反对的人觉得，我们虽然有能力、人力和物力，但时间却十分有限。如果增加一个气闸舱，整个飞船的构造就要重新设计。他们建议在轨道舱的基础上进行改造。

权衡了专家们的建议后，张柏楠改变了初衷。如果在轨道舱的基础上进行改造，整个船体的改动就不会太大，无论是在方案设计上，还是在实际操作中，都会减少很多麻烦，节省大量时间。张柏楠的想法渐渐地偏向了后者，他和尚志商量后，决定在神舟六号飞船基础上进行改造，在保留轨道舱原有功能的基础上，添加气闸舱功能，实现气闸舱和生活舱一体化的设计。这种一物多用、投入少、效益高的做法，是中国航天不同于发达国家的最大特色，也对张柏楠他们的想象力和创造力提出了巨大考验。

尽管是改造，但"牵一发而动全身"，有两个条件必须保证。一是确保密封；二是要有泄复压功能，把"小隔间"内的局部环境变为空间环境和恢复为载人环境。其中，舱体的密封是成熟技术的继承，很容易解决。但泄复压的成功与否直接决定航天员能否按计划出舱。泄压并不是简单地把空气排放到太空，而是需要通过大量的分析计算和地面试验来找到最佳速度和压力控制点。

这个过程复杂而漫长，不能有一丝一毫的疏忽。因此，泄复压系统的设计是改造工作的重心和支点。

气闸舱上有两个门，一个通向舱内，一个通向舱外。打得开、关得上、密封可靠这三个最重要的环节是舱门研制最重要的攻关点。这扇舱门虽然只有 20 千克重，却有 170 多个零部件，设计人员画了 80 多张图纸，进行了 10 多项改进。

航天员出舱时，舱外航天服充压后体积会增大，神舟七号舱门的通径自然要比神舟六号有所增加，最宽处由原来的 75 厘米增加到 85 厘米。但研制新的舱门不仅仅是宽度更改这么简单。在真空和低温条件下，舱门能否打开？是向内开，还是向外开？开到多大角度？……一系列问题都需要解决。为了获得舱门在太空环境中的数据，飞船系统专门研制了一个真空罐，把温度拉偏到零下 45 ℃和零上 45 ℃。把舱门放在罐子中间，一边抽成真空，另一边有大气，用机械手臂模拟航天员开关舱门的动作。经过长达半年的试验，研制人员发现，门如果向外开，虽然不占用舱内空间，但真空压力会影响门的密封；相反，门如果向内开，虽然相对安全，但要占用舱内空间。经过比较，舱门向内开启 100 度成为权衡之下的最佳选择。

开关舱门时，航天员转动开关手柄，力量通过机件传到中心主轴线上，再通过机件放大传到门框的压紧锁块上，从而实现舱门的开关。如果气闸舱泄压不充分，舱内压力差过大，舱门就打不开。为此，科研人员在压紧锁块上专门设计了一些突出物，当航天员把手柄转到60°时，突出物会把舱门顶起一条肉眼看不到的缝隙，等空气泄尽后，再继续旋转手柄，舱门就可以打开了。万一采用这个办法后舱门仍不能打开，舱内还备有一根L形的辅助工具，协助航天员打开舱门。

最终，将航天员的生活舱"一舱两用"改成气闸舱这一难题在所有科研人员的努力下，圆满解决并成为了我国载人航天的独创之举。神舟七号飞船的研制节点又向前跨进了一大步。

经过这样的一系列系统改造，神舟七号飞船实际上已经是一个全新的航天器了。

神舟七号任务要突破和攻克的第三项关键技术是航天员的选拔和训练。神舟七号最耀眼的亮点就是出舱，虽然舱内、舱外只有一步之遥，但对中国人来说，却是开天辟地头一回。因此，人们对于出舱的期待绝不亚于当年杨利伟的首飞。

神舟七号任务中，将有三名航天员飞向太空，是"神舟"飞船的第一次满员飞行。针对太空出舱的训练，国外主要有两种方式：一是利用失重飞机；二是依靠失重水槽。真正的出舱活动需要几个小时，而失重飞机在进行抛物线飞行时，产生失重的时间只有短短30秒，因此不适合作为出舱活动的训练手段。为此，航天员系统专门在北京航天城内建造了一座亚洲最大、世界第三的中性浮力水槽。航天员浸入水中，通过增减配重和漂浮器使人体的重力和浮力相等，产生失重的感觉。虽然，水下并不能完全消除重力对人体的影响，但在其中进行模拟试验，可以检验飞船的

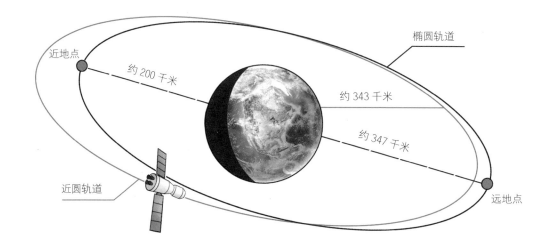

近地点

约 200 千米

约 343 千米

约 347 千米

近圆轨道

远地点

神舟七号飞船的椭圆轨道和近圆轨道

气闸舱舱门、扶手、固定器等部件在失重环境下，是否能够正常工作、性能是否可靠、运动特性是否符合要求。在水槽中进行的舱外作业程序，包括正常情况下的出舱程序、舱外活动操作程序，异常情况下的返回气闸舱程序，故障情况下对飞行器的维修程序，以及大型空间结构的对接和组装等。美国就曾通过水槽试验发现了"天空实验室"太阳帆板的设计问题。此外，美国航天飞机的外部支架结构也是先进行中性浮力试验后才被送入轨道的。

中性浮力水槽曾一度是我国航天环境模拟设备的空白项目，无论研制和使用都没有现成的经验。在做设计方案时，陈善广明确了一条原则：立足国内水平自主创新，比国际水平做得更好。我国的水槽采用了圆柱体结构，直径 23 米，深 10 米，与俄罗斯加加林中心的规模相当，但比日本筑波航天员中心的要大，光水就有 4000 多吨。水槽的槽体选用厚度为 8—12 毫米的不锈钢板，采用现场焊接方式制造。在距离槽底 4.6 米处均匀布置了 12 个直径 460 毫米的由双层石英玻璃制成的圆形照明窗；在距离槽底 7.6 米处均匀布置了 12 个直径 600 毫米的有机玻璃观察窗；在槽体外侧的各个照明窗处都配置了 1000 瓦的照明灯，为水槽补光。此外，槽体内部还安装了供潜水员出入的平台、爬梯和摄像机安装孔。

2007 年年底，这项庞大的研制工程宣告竣工。从制造到验收只用了 3 年时间，而国外同类项目所需要的周期一般是 7—8 年。

2008 年春节过后，水槽正式投入使用。这时神舟七号的发射时间日渐临近，留给航天员训练的时间仅剩下不到半年了。

出舱是一项超大负荷活动，上肢力量和手指力量一直很好的航天员翟志刚并没有过多的担忧，然而，几天的舱外航天服训练下来，事实颠覆了他的想象。

水槽失重和太空失重状态有很大的区别，训练服要与地面保持 30 度角，通过高难度的平衡技术使重力和浮力平衡。这样一来，航天员的视野就小了很多，活动范围自然会受到限制，两只手握在一起，只能将手尖对上，手抬到眉毛处就再高不了了。在这样的状态下，翟志刚穿着 250 千克重的水下训练服，每一次训练都要 3 个多小时，体力消耗很大。训练过后，他吃饭时连筷子都拿不起来。

在水槽训练中，轻装下水的翟志刚还遭遇了一次险情。当他慢慢潜入水池底部时，突然听到身后的氧气瓶发出一声金属敲击

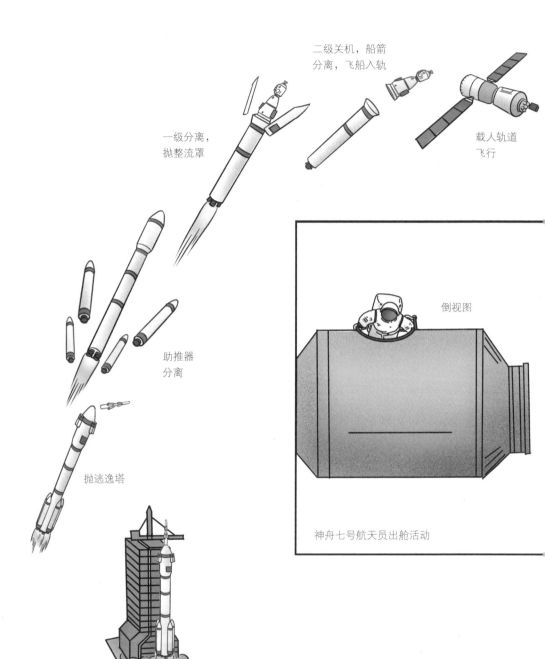

二级关机，船箭
分离，飞船入轨

一级分离，
抛整流罩

载人轨道
飞行

助推器
分离

倒视图

抛逃逸塔

神舟七号航天员出舱活动

火箭起飞
2008 年 9 月 25 日 21 时 10 分

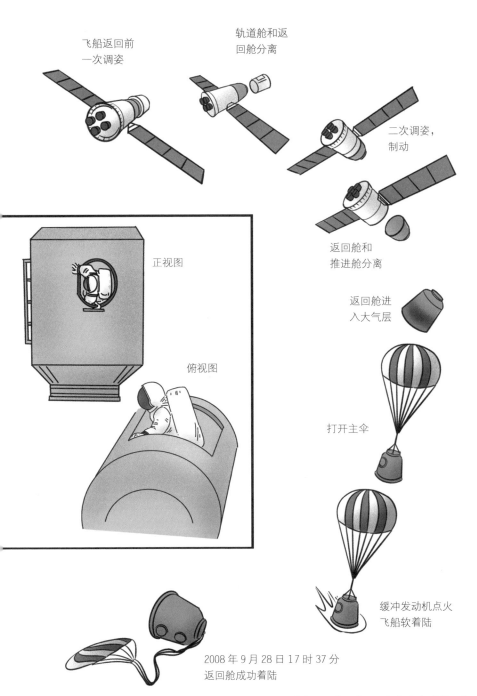

飞船返回前
一次调姿

轨道舱和返
回舱分离

二次调姿，
制动

返回舱和
推进舱分离

正视图

俯视图

返回舱进
入大气层

打开主伞

缓冲发动机点火
飞船软着陆

2008 年 9 月 28 日 17 时 37 分
返回舱成功着陆

神舟七号载人航天飞行任务全过程示意图

般的清脆声音。同在池中的潜水员发现后，马上把应急气嘴塞到他的嘴里，这才带着他安全地脱离危险、浮上水面。氧气瓶漏气，这个看似并不严重的故障，造成的后果却一点也不轻。如果当时不能及时吸到氧气，或者被水呛住，翟志刚很可能因为影响了肺部功能而无缘神舟七号乘组的选拔。

航天员在执行出舱活动任务前，先要在气闸舱中做足够的准备，返回后也需要在气闸舱做相应的恢复操作。为此，航天员中心专门研制了一台用于出舱活动程序训练的模拟器，这也是航天员进行出舱活动训练的又一个试验设备。由于常压服是处于悬吊状态的，而且要保证上下左右低阻尼运动，这种运动方式放在气闸舱狭小的环境空间内，实现起来非常困难。因此，在出舱活动程序训练模拟器中，气闸舱采用了开放式的结构：与出舱活动相关的设备布局真实一致，舱门及附近的设备集中在一起，各设备间的相对距离保持不变。真实的气闸舱是需要泄压和复压的，而模拟的气闸舱无法真正进行泄压、复压。航天员在出舱时，除了身体能够感受到泄压、复压外，另一个获取信息的方法是依靠舱门的压力表。真实的压力表是通过传感器机械驱动指针，而在模拟器中，只要用计算机图像显示技术就可以实时绘制出图像模拟压力表的数值，根据仿真的压力值来驱动压力表指针，就可以给航天员足够的信息。

舱外航天服试验舱是航天员进行出舱活动训练的第三大试验设备。舱外航天服试验舱又叫低压舱，是航天员穿着舱外航天服进行太空适应训练的设备。它能够模拟外太空的真空环境，让航天员具备低压环境下的身体和心理感受。

2002年10月，舱外航天服试验舱的立项论证工作开始后，航天员系统在环境模拟设备专家的培训和指导下，历时两年完成了《舱外航天服试验舱可行性研究报告》。2005年7月，《舱外活动中心基建委托设计要求》通过评审后，试验大楼开始破土动工。2007年，舱体和紧急复压管路、粗抽系统、循环水系统、服装氧源与冷源等各大系统陆续出厂验收。12月25日，舱外航天服试验舱热真空部分通过了验收测试。

随着模拟失重水槽、出舱活动程序模拟器、舱外航天服试验舱这三大训练设施的相继落成，中国航天员中心已完全囊括了航天员出舱活动训练所需的各项设备，具备了全部功能。

在神舟七号飞船和舱外航天服研制的同时，航天员们也开始了新一轮的选拔。2008年5月，航天员选评委员会确定由翟志刚、刘伯明、景海鹏三人组成执行神舟七号任务的飞行乘组。其中，翟志刚为出舱岗位航天员、刘伯明为轨道舱岗位航天员、景海鹏为返回舱岗位航天员。

# 五星红旗太空飘扬

2008 年 7 月 10 日，新华社发布消息：神舟七号载人飞船今天从北京空运到酒泉卫星发射中心，标志着神舟七号任务开始全面实施。

9 月 25 日 21 时 10 分，神舟七号发射升空。

9 月 27 日是神舟七号来到太空的第二天，翟志刚将要在这天的 16 时 41 分打开气闸舱舱门，迈出中国人的太空第一步。三名航天员按照计划进行了分工，景海鹏留在返回舱值守，翟志刚在刘伯明的帮助下，进行轨道舱状态检查和舱外航天服组装、测试和在轨训练。

在太空组装舱外航天服，是一项艰难而又细致的工作。原计划用 16 个小时，而实际上用了近 20 个小时，这是因为太空的操作和地面有很大区别，在地面上很容易做到的事情，在太空中就变得很复杂。因为操作步骤多，难度大，精度要求高，长时间的连续工作使翟志刚十分疲惫，但他却不能停下来休息。而此时，对失重的适应还在继续，对航天员的体力和生理提出了严峻挑战。

15 时 30 分，经过检查，舱外航天服的气密性、气压阀都显示

太空落日

正常。15 时 48 分，轨道舱开始第一次泄压。16 时 22 分，翟志刚和刘伯明分别穿好舱外航天服。16 时 33 分，北京航天飞行控制中心发出指令："神舟七号，打开轨道舱门，按程序启动出舱。"这个动作翟志刚曾做过无数次模拟试验，从没出过问题，他很从容地将舱门解锁，把手柄转动 60°，仪表显示已泄压到规定的 1 千帕，完全符合开舱门的条件。翟志刚胸有成竹地伸出右手拉了三下，可舱门却没有丝毫反应。这是因为气闸舱虽然已泄压，但舱内的食品、未密封的设备和有机材料仍会排出气体，致使泄压过程变得十分缓慢。

飞船即将飞出测控区，翟志刚不免有些着急，操作也感到吃力。

执行神舟七号飞行任务的航天员景海鹏（左）、
翟志刚（中）、刘伯明（右）进入飞船前

这时，刘伯明压住他的右手大声说："稳住，深吸一口气，压下来顶住！"翟志刚冷静下来，拿起L形的辅助工具连续撬了两次，刚刚打开一点缝隙，残留的气体又把舱门紧紧吸上了。但就是这一丝小小的缝隙，让翟志刚看到了胜利的希望。他再次把全身的力气都集中在手上，终于打开了通向浩瀚太空的舱门。

正当翟志刚感到"心花怒放"，准备出舱时，飞船里突然传来"轨道舱火灾！轨道舱火灾！"的报警提示并不断重复。尽管后来确认这是一次误报，但在当时还是令许多人捏了一把汗，如果飞船真的出现火情，航天员将有去无回。此时的翟志刚没有考虑生死，毫不犹豫地纵身出舱，不久后，太空中传来了他洪亮的声音："我已出舱，感觉良好！"

翟志刚出舱有两项任务，一是沿飞船表面进行行走，二是取回挂在舱壁上的固体润滑材料。在太空中展示国旗是发射前20天才定下来的，最初的计划中并没有这个动作。什么时候展示国旗最为合适？指挥部把权力交给了航天员，由他们自己决定。

翟志刚原来的打算是先取回润滑材料后再挥舞国旗。但"灾情"不断传来，刘伯明心想，如果轨道舱出现火灾，润滑材料就算取回来也没用了，人回不去，材料肯定也回不去。想到这儿，他将国旗递给了翟志刚："即使咱们回不去，也要让五星红旗在太空高高飘扬！"

在黑色天幕和蓝色地球的映衬下，翟志刚挥动着这面凝聚着航天人心血的国旗向全国人民、全世界人民问好。鲜红的五星红

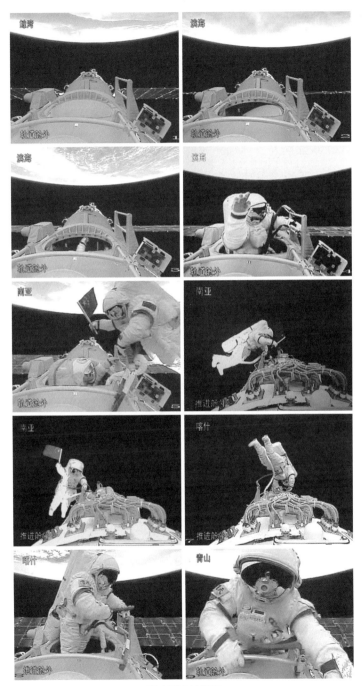

翟志刚出舱组图

旗、雪白的"飞天"舱外航天服与深邃的宇宙一起构成了一幅无与伦比的中国画卷。翟志刚的这次太空行走共进行了 19 分 35 秒，飞过了 9165 千米。这是翟志刚个人的一小步，却是中国人和平利用太空的一大步，茫茫太空中第一次留下了中国人的足迹。

神舟七号任务完成后，下一步，中国载人航天工程将重点突破空间飞行器的交会对接技术，为建立空间实验室做准备。

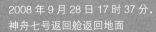

2008 年 9 月 28 日 17 时 37 分，
神舟七号返回舱返回地面

约定

# 银河"鹊桥会"

在轨飞行的航天器内独有的微重力环境，可以使人类从一个全新的视角来研究和分析许多实验现象。利用好这个环境，能够在太空医学、材料学、基础生物学、物理科学和太空制造等多方面取得突飞猛进的发展。载人飞船虽然能进行一些空间科学实验，但毕竟受任务时间所限，研究要想深入下去，就需要有一种能够长期进行实验的平台，这个平台就是轨道空间站。

轨道空间站容积大、寿命长，相当于太空中的"航空母舰"。由运载火箭发射入轨，靠飞船或航天飞机等天地往返系统运送航天员和补给物资。空间站有多个对接口，可同时与数个航天器对接组成大型轨道联合体，在太空长期驻留。通过空间站可以进一步研究地球环境和宇宙空间，开展一系列的太空实验，实现工业化生产，获取地球上很难或根本无法得到的产品。空间站上的航天员能够为其他航天器补充燃料，进行组装和维修，释放或回收其他航天器。空间站还能作为人类向深空探测的中转站，为实现载人登月、火星探测等发挥重要的作用……

1993 年，美国、俄罗斯、欧洲航天局、日本、加拿大和巴西

6个国家和地区组织的太空机构联合推进了一项宏大的航天合作计划——国际空间站。国际空间站的设计寿命为30年，组装工作于1998年正式开始。2000年7月26日，随着俄罗斯承制的"星辰号"服务舱与国际空间站对接，国际空间站成了有3个舱段的复合体。从此，这个重458吨、长108米的庞然大物，成为引领世界先进航天技术的标志。

20年以来，世界上共有16个国家或地区的航天组织参与到国际空间站的建设之中，中国也明确表达了合作意愿，但有的国家没有摆脱"冷战"思维，提出了一大堆苛刻的政治条件，这是中国所不能接受的。所以，中国的科学家最终未能进入这一俱乐部，国际空间站中始终没有中国人的一席之位。除了国际空间站，西方大国与中国在航天方面的合作，也仅仅停留在科学研究和学术交流层面，真正涉及核心技术，不仅没有合作的可能，而且还存在着严格的封锁。因此，中国要想建设空间站，从体系到技术、从宏观到微观，无一不需要通过白手起家和自主创新来实现。

载人航天工程开始启动的时候，第一、第二步发展战略目标都有具体的方案和时间进度，第三步只提出了建造空间站的最终目标，却没有相应的技术方案和进度计划。直到2007年1月，根据国务院和中央专委的安排，成立了载人空间站工程实施方案编制专家组，组长为王永志。

就在"退居二线"的王永志再次担纲重任，披挂上阵之时，国际航天领域的形势正在悄然发生着巨变。

2001 年 3 月 23 日，盛极一时的"和平-号"空间站在南太平洋上空坠毁，结束了俄罗斯在空间站领域的霸主地位，国际空间站从此成为唯一在轨长期运行的载人航天器。2006 年，美国国家航空航天局发布"重返月球计划"，宣称将于 2014 年左右放弃国际空间站并在 2020 年前后"重返月球"。

国际航天界的风云变化，对我国正在进行的空间站论证工作影响很大。有些专家直截了当地提出："美国都放弃了，我们建空间站还有必要吗？"也有专家从经济支撑方面提出看法："国际空间站由 16 个国家联合建设，有财力和技术基础，花费了 1000 多亿美元，我国在经济上能支撑得了吗？"当时，有一半的专家都主张放弃空间站计划，剩下的专家虽然赞成建空间站，却认为只需要有一个小型的核心舱就够了。

专家们的意见大大出乎王永志的意料，他意识到建造空间站的事不能心急，就像当年启动载人航天工程一样，必须先进行深入论证，有理有据地阐明建造空间站的必要性，特别是可能性，才能为大家所接受。

2007 年 11 月 16 日，中国运载火箭技术研究院在北京举行了一次纪念建院 50 周年的高峰论坛。王永志到会做了题为《中国载人航天工程可持续发展的研讨》的主题报告，他在报告中说：通过深入研究世界航天的技术发展历程可以发现，在载人航天领域能够凝聚 16 个国家共识的只有建造空间站。如果国际空间站 2010 年左右能够建成，并且再使用 10 年，那么从 1971 年苏联发射"礼炮一号"试验性空间站起，到 2020 年左右的 50 年间，唯一没有间断的载人航天活动就是空间站的建设和应用。由此可见，空间站的重大实用价值是世界公认的。在国际合作方面，我们是愿意合作的，但西方特别是美国不让我们参加，我们只能自己干。只上一个核心舱，实验能力仅有 1.5 吨，效益太差。但如果把空间站规模定位在 3 个基本舱段构成的小型组合体，则可以提供 17 吨的有效载荷实验能力。再加上研制大的货运飞船减少运输次数，通过控制规模和技术创新，空间站我们也是建设和运营得起的……

王永志的这个报告等于是对前一段专家们质疑的回答，得到了任新民、庄逢甘、屠善澄、陆元九和梁思礼等老一代科学家的认同。后来，专家们逐渐达成了共识：建造空间站符合载人航天的发展规律，适合我国航天技术的发展需要。独立自主搞载人航天事业，建立自己的空间实验室，乃至长期有人照料的空间站，是中国航天必须走出的一步。

思想统一了，论证工作得以顺利展开，一套早就在构思的方案在王永志的脑海里变得愈加清晰起来。

在空间站的规模上，美、俄两国由于采取不同的战略方针，出现了两种截然相反的结果。美国采取的是跳跃式的发展方式，因为过于注重先进性而缺乏连续性和继承性，所以，只发射了一个空间站。而俄罗斯采取了积极稳妥、循序渐进的方式，最大限度地利用了成熟技术，独立发射了 8 个空间站。这 9 个空间站中，除了"和平号"之外，其余 8 个都是小型空间站。由此可见，建

长征五号火箭发射

立小型空间站是发展空间站的首选。王永志和大部分专家都认为，我国也应采取循序渐进的方式，先发射一个8吨级的空间实验室，再建造20吨级的较大规模的空间站。

迈向空间站时代，犹如行走在荆棘丛生的坎坷之路上，面临着一系列的新挑战。从发射系统来讲，发射任务将从曾经的阶段性密集发射进入到常态化密集发射状态，是否能够应对这样高密度的发射，将进一步考验发射能力。从测控通信系统来讲，航天员在轨时间越长，不可预测的因素就越多，风险也随之加大。如何适应空间站在太空运行的新状态，对飞行管理控制提出了新的要求。对航天员系统来讲，长期和短期在轨工作有很大的区别。长期飞行的话，最好有一名医生可以快速处置小的疾病，更长远地看，还要建立天地协同的疾病诊断机制。这个目标，就连国际空间站也没有完全实现。

一年半时间过去了，在王永志的主持下，进行了三轮论证，初步确定了中国空间站应用发展的战略目标和技术路线，拿出了具体的实施方案报告，明确了建设程序，并给出了相应的经费预算。

空间站工程将按空间实验室和空间站两个阶段组织实施，先发射空间实验室，再陆续把核心舱、实验舱Ⅰ和实验舱Ⅱ送入太空。其中，载人飞船和空间实验室用长征二号F火箭发射，货运飞船用新研制的长征七号火箭发射，空间站各舱段用新一代的大推力运载火箭长征五号发射。空间应用将以促进和引领国家先进科学技术的跨越发展为目标，涵盖空间天文、空间物理、空间生命及生物技术、空间微重力科学、航天医学、基础物理学以及地球系统科学等各个领域的数十个项目、数百项任务被列入计划当中。

2010年9月25日，中国的载人空间站建设正式立项。中央确定了载人航天工程的后续任务，也就是第二步第二阶段研制发射空间实验室任务，以及第三步建造空间站任务，其目标是：在2020年前后，建成和运营近地载人空间站，使我国成为独立掌握近地空间长期载人飞行技术，具备长期开展近地空间有人参与科学技术试验能力，能够综合开发利用太空资源的国家。

2013年10月31日，中国载人航天工程办公室发布了载人空间站整体名称及各舱段和货运飞船的名字。载人空间站命名为"天宫"；核心舱命名为"天和"；实验舱Ⅰ命名为"问天"；实验舱Ⅱ命名为"梦天"；货运飞船命名为"天舟"。

在通往空间站的迢迢征途上，突破交会对接技术是第一道必经的关卡。

在太空中，两个航天器在同一时刻以同样的速度到达同一个地点，这样的轨道控制过程称作"轨道交会"；将两个航天器对接起来形成一个组合航天器的事件称作"空间对接"。"轨道交会"和"空间对接"合起来就称为"空间交会对接"。实现空间交会对接需要两个航天器：一个作为被动对接目标，称为"目标飞行器"；另一个作为主动追踪者，称为"追踪飞行器"。

在我国研制之前，世界上掌握这项技术的只有美国和俄罗斯。为了验证交会对接技术，美、俄在进行载人航天器交会对接之前，分别进行了 3 次飞船与飞船之间的对接，也就是说，发射了 6 艘飞船。中国没有走这样的路，而是采用了一种更为经济、高效的技术方案：发射一个目标飞行器，分别与 3 艘飞船进行对接。这种方式减少了 2 次发射，大大降低了成本，而且可以提前验证建设空间站的重要技术。

天宫一号作为我国自主研制的第一个目标飞行器，要实现长期在轨飞行、完成多次交会对接，不仅是载人航天新的里程碑，更是我国建造空间站的基础。空间实验室之所以被命名为"天宫"，既是为了与"神舟"飞船、"嫦娥"卫星的名字相呼应，也是中国传统文化中对未知太空的一种通俗叫法。因此，得到了航天界和全国人民的一致认可。

"天宫"的研制任务再一次落在了中国空间技术研究院和上海航天局肩上，曾经研制"神舟"飞船的团队承担起这一历史重任，曾经是载人飞船副总设计师的青年专家杨宏被任命为空间实验室系统的总设计师。

没有成熟的经验可借鉴，没有充分的数据可参考，无法完全模拟太空的真实环境，研制难度不言而喻。设计初期，研制人员以神舟飞船的技术状态为基线，根据新的任务特点和要求，不断改进设计，关注细节，创新、优化、完善了系统功能，先后攻克了一系列技术难题，拿下了具有自主知识产权的核心技术。

天宫一号主体为短粗的圆柱形，采用由实验舱和资源舱组成的两舱构型，全长 10.4 米，舱体最大直径为 3.35 米。资源舱的任务是提供能源保障，为轨道机动发动机提供动力，并控制飞行姿态。实验舱是飞行器运行的核心舱，分为前锥段、圆柱段和后锥段，交会对接完成后，航天员进入全密封的前锥段和圆柱段进行工作和生活。实验舱的后锥段是非密封的，主要安装再生式环境控制与生命保障设备，前端安装有对接机构以及测量通信设备，用于支持与飞船实现交会对接。

与天宫一号首次对接的是神舟八号飞船。神舟八号的对接机构叫作"内翻式异体同构周边"对接机构，是世界上口径最大、技术最先进的一种对接机构。除此之外，飞船系统还开发了一套在交会对接过程中使用的高精度测量系统，由交会对接雷达、CCD光学成像敏感器、电视摄像机等构成，各个距离段上的测量都由测量设备来进行支持，可以测量与目标飞行器的相对位置和相对状态。当二者在地面测控人员的操控下接近到几千米以内时，精确测控就要依靠这些复杂的综合测量系统了，它们可以让误差不超过2厘米。

天宫一号研制出来后，无论是体积还是体重，都比"神舟"飞船大，对火箭来说，需要的推力也要大许多。此时，距离研制"神舟"飞船已经过去了十几年。这十几年，中国经济飞速发展，电子产品更新换代，火箭上的相关电子产品也发生了突飞猛进的变化。一切都说明，对火箭的改进迫在眉睫。火箭系统总设计师荆木春在长征二号 F 火箭的基础上，经过 170 多项改进，在保持芯级和助推器形状不变的情况下，改变了助推器内部结构，使得

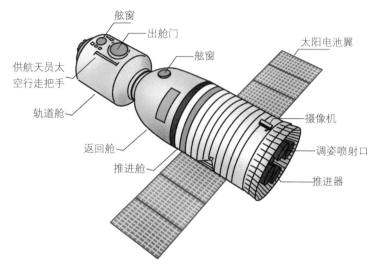

神舟八号飞船结构示意图

新研制的火箭比长征二号 F 能多装载 20 多吨推进剂，满足了天宫一号的发射需求。这枚新火箭被命名为长征二号 FT1。

与此同时，值得一提的还有正在研制的长征五号运载火箭，这是我国的第一枚大型运载火箭，由于体积庞大，人们都亲切地管它叫"胖五"。作为这枚火箭的总设计师，李东用一个"大"字来概括长征五号："长征五号有 68 米高，900 吨重，大的发动机、大的结构、大的电气系统、大的地面支持系统，单台推力达到了 120 吨，泵出压力最高达到 50 个兆帕，可以把黄浦江的水直接打到青藏高原上去。长征五号的芯级采用大的氢氧发动机，液态的氢和液态的氧，是人类现在已知的能量水平最高的火箭推进器。"

交会对接任务的来临，对测控通信提出了更高的要求，4 船 9

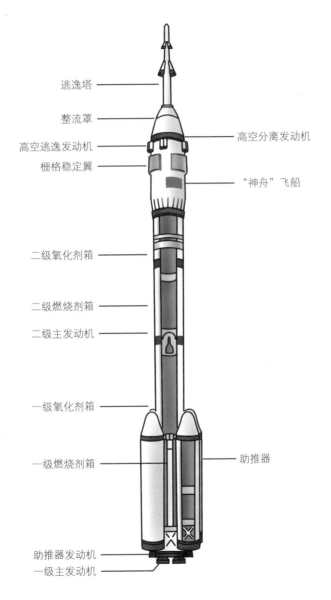

逃逸塔

整流罩

高空逃逸发动机

栅格稳定翼

高空分离发动机

"神舟"飞船

二级氧化剂箱

二级燃烧剂箱

二级主发动机

一级氧化剂箱

一级燃烧剂箱

助推器

助推器发动机

一级主发动机

长征二号F遥九火箭结构示意图

长征五号火箭在文昌航天发射场垂直转运

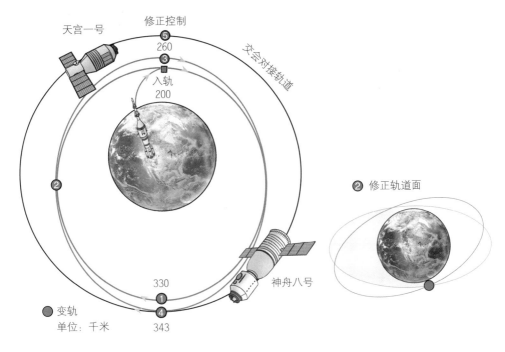

天宫一号和神舟八号轨道示意图

站 3 中心的测控布局已经不能满足需求了。测控通信系统开始重新规划系统布局图。首先对已经使用了十几年的 S 波段统一测控通信系统进行了更新换代，然后对各中心进行升级改造，架构了基于 IP 网络的一体化试验信息系统。过去十几年间，"远望四号"、"远望一号"和"远望二号"相继退役，新入列的"远望五号"和"远望六号"虽已经形成远洋测控能力，但船的数量却减少了，加上还在服役的"远望三号"，只有三艘船能够参加任务。于是，他们将这三艘船布设在了最为关键的海域；将交会对接的时间控制在国内各测控站可测控时间较长的测控弧段进行；在澳大利亚的当加拉，法国的奥赛盖尔、凯尔盖朗，巴西的阿尔坎特拉新建 4 座测控站。这样，3 船 16 站 3 中心的庞大测控规模，加上两颗数据中继卫星的高速率数据传输的优势，使得测控通信的覆盖率超过了 70%。

2011 年 9 月 29 日，天宫一号踏上征程。一个月后，11 月 1 日，神舟八号踏上赴约之路，经过两天追逐和 5 次变轨，到达了天宫一号的运行轨道。此前，天宫一号已经从 350 千米的近圆轨道降低到约 343 千米的轨道面上，并翻转 180 度，将安装着对接机构的一头朝向神舟八号的方向。当神舟八号飞行到距离天宫一号后下方 52 千米处时，地面导引段结束，进入自主导引阶段。为了准确判断两个飞行器的运行状况，测控系统安排了 4 次观察和试探，设计了 5 千米、400 米、140 米和 30 米 4 个停泊点。11 月 3 日凌晨，经历了 4 次停泊后，两个航天器到达东风测控站上空时，茫茫太空中上演了这样的浪漫一幕：神舟八号以 0.2 米每秒的速度"轻吻"天宫一号。1 时 35 分，12 把对接锁准确启动，上千个齿轮和轴承同步工作，天宫一号与神舟八号成功对接，两个紧紧相连的航天器以优美的姿态开始了为期 14 天的组合飞行。

11 月 15 日，神舟八号飞船离开天宫一号，于 11 月 17 日返回地球。天宫一号继续升高到 370 千米的运行轨道上，等待与神舟九号和神舟十号的太空约会。

# 天上传来中国好声音

从神舟一号到神舟七号，中国人实现了把人送入太空的梦想，但当时的飞船还不能算作天地往返的运输工具。神舟八号实现了飞船与在轨运行航天器的交会对接，虽然可以称为运输工具，但并没有完全掌握交会对接技术，接下来的神舟九号任务将通过自动、手动两种交会对接方式，把人送入空间实验室，这是对飞船作为天地往返运输工具功能的进一步验证。可以说，手控交会对接是对航天员操作技能的极大考验。只有掌握了此项技术，才意味着完全掌握了交会对接技术。

神舟八号与天宫一号采用的是后向交会对接的方式，飞船从后边在追赶天宫一号的过程中实施交会对接。神舟九号将实施的前向对接、各段撤退和140米近距离长时间停泊等交会预案和备份措施的飞行验证，都是新模式。

由于神舟九号和神舟十号两次任务时间相近，航天员系统同时为两次任务选拔出了航天员和备份航天员。执行神舟九号任务的航天员乘组由景海鹏、刘旺和刘洋组成。景海鹏担任指令长，刘旺主要负责手控交会对接，刘洋主要负责航天医学实验和乘组

神舟九号航天员刘洋（左）、景海鹏（中）、刘旺（右）

生活管理。

刘旺是首批 14 名航天员中最年轻的成员，从 1998 年进入中国航天员大队到迎来自己的"第一飞"，他整整等待了 14 年。为了"一枪中的"，刘旺在地面进行了 1500 多次手控交会对接模拟训练。记者见面会上，当被问及此次手控交会对接有几成把握时，他的回答是"百分之百"。

外界对神舟九号任务给予了极大关注，还有一个重要原因，就是中国第一位女航天员将飞向太空。

2009 年，我国进行了第二批航天员的选拔，从空军部队符合条件的现役飞行员中，挑选出 5 名男航天员和 2 名女航天员。

刘洋，作为我国第一位飞天的女航天员，是第二批航天员中首位参加飞行的。1978年出生的刘洋，是河南省林州市人，毕业于长春第一飞行学院，是我国的第七批飞行员，曾驾驶过战斗机、运输机等机型。进入航天员大队前，刘洋已经是她所在的飞行大队的副大队长，有过1680小时的飞行经历。2010年年初，刘洋从空军15名备选女飞行员中脱颖而出，成为中国首批仅有的两名女航天员之一。

2012年6月16日18时37分，神舟九号发射成功。第二天凌晨，北京航天飞行控制中心通过多次变轨控制，控制神舟九号到达距离天宫一号后下方约52千米的地方。6月18日14时14分，天宫一号与神舟九号成功实现自动交会对接。景海鹏打开返回舱舱门和天宫一号舱门，三位航天员进入天宫一号。

6月24日，是神舟九号要进行手控交会对接的日子。从凌晨5点开始，三位航天员就关闭了天宫一号和轨道舱的舱门，换上舱内航天服，回到返回舱。

11时05分，北京航天飞行控制中心下达了"天宫一号、神舟九号分离"的指令。不一会儿，对接机构解锁成功，瞬间的震动让飞船巨大的太阳能"翅膀"上下摆动，飞船如同展翅飞翔的雄鹰缓缓离开天宫一号，撤离到400米外的停泊点。接下来，将由刘旺"开着"飞船去和天宫一号对接。10米，9米，8米，7米，6米，5米……飞船渐渐向天宫一号靠拢。地面上，没有多少人感觉到紧张和担心，因为大屏幕上显示的神舟九号对接机构中心几

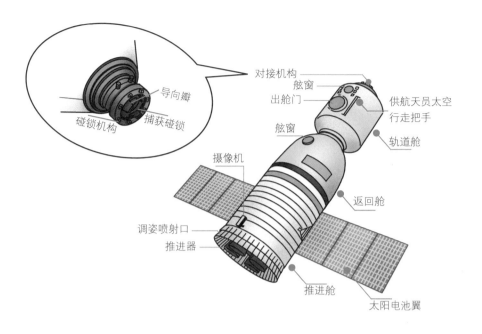

对接机构
舱窗
出舱门
舱窗
供航天员太空行走把手
轨道舱
返回舱
导向瓣
碰锁机构
捕获碰锁
摄像机
调姿喷射口
推进器
推进舱
太阳电池翼

## 返回舱

航天员
座椅
赋形垫

神舟九号飞船结构示意图

乎与天宫一号的对接机构中心十字完全重叠。12 时 55 分，刘旺用不到 7 分钟的操作打出了一个偏差仅为 1.8 厘米和 0.8 度的完美"十环"。这个结果意味着刘旺的手控交会对接比自动对接的精度更高。这个"中国精度"标志着我国成为第三个独立掌握交会对接技术的国家，为建设空间站迈出了关键一步。

在太空飞行了 13 天后，神舟九号踏上了回家的路，于 6 月 29 日，返回内蒙古主着陆场。至此，我国继掌握天地往返、出舱活动技术之后，载人航天三大基础性技术的最后一项——空间交会对接技术获得突破。

2013 年，中国的载人航天飞行进入了第十个年头，神舟十号将在这一年发射。细心的人们发现，飞天的航天员也将达到十位。在这"十全十美"辉煌的背后，中国的载人航天已从探索、突破、掌握载人航天技术开始向空间科学实验和应用试验转变，进入了应用发展的崭新阶段。神舟十号便是面向载人航天长期飞行的一次应用性飞行。

"应用性飞行"是相对以验证技术为目的的试验性飞行而言的。经过神舟八号和神舟九号两次任务的考核，飞船和火箭的功能已经完备，性能已经稳定，技术状态也基本固化。神舟十号的主要任务是为天宫一号在轨运营提供人员和物资往返运输服务，天地往返运输系统本身的技术验证和交会对接技术验证不再是主要目的。

6 月 11 日 17 时 38 分，神舟十号发射成功，航天员乘组由聂海胜、

神舟十号航天员王亚平（左）、聂海胜（中）、张晓光（右）

张晓光、王亚平担任，聂海胜任指令长。

6月13日13时18分，天宫一号与神舟十号在它们起飞的地点——酒泉卫星发射中心上空相遇，成功实现自动交会对接。

在十几天的太空生活中，三位航天员不仅要验证组合体对航天员生活、工作和健康的保障能力，做一些建造空间站的实验，还有一项特殊的任务——太空授课。

6月20日，在北京人大附中的一间报告厅里和距离地球340千米外的天宫一号中，300多名中小学生和神舟十号的航天员组成了一个特殊的天地课堂。10时整，当北京航天飞行控制中心报告

手持摄像机拍摄图像

王亚平在进行太空授课

已与天宫一号建立了双向通信链路时，所有人把目光都投向了课堂的大屏幕。40分钟的讲授中，王亚平向地面的学生们展示了失重环境下的物体摆动、水球表面张力、陀螺旋转等物理现象，还表演了喝水等动作，王亚平堪比老师的专业解说、比职业教师更为风趣的表现，不仅给学生和观众们带来了知识，更带来了全身心的享受和好奇心的满足。"面对浩瀚宇宙，其实我们都是学生。"王亚平独特的自信和亲和力让冰冷的太空充满了温情，为中国开展载人航天的目的做了最好的注脚——飞天梦永不失重，科学梦张力无限。

"太空讲堂"每持续一秒，天宫一号就在太空移动7800米；王亚平的一颦一笑、一举一动，都可能横跨了几千米。要保证45分钟空中课堂不间断天地传输、每一帧画面都清晰稳定，对航天测控网是一次全新的挑战。

2008年、2011年、2012年，我国相继发射了天链一号数据中继卫星的01星、02星、03星。随着三颗中继卫星在这次任务中的一起亮相，标志着中国第一代数据中继卫星系统已经实现了全球组网运行，从此，我国有了比较完整的"陆基、海基、天基"一体的测控通信系统，航天测控实现了低轨道80%的覆盖率，标志着我国第一代数据中继卫星系统全球组网运行。

6月25日，3位航天员已在天宫一号生活了12个日夜，他们关闭天宫一号的舱门，回到神舟十号返回舱内。7时05分，组合体顺利分离后，神舟十号开始执行这次太空飞行的最后一项任务——绕飞。

之所以安排这次任务，是因为未来空间站的核心舱、实验舱以及飞船都将分别发射，必须通过绕飞技术，才能在不同方向上使载人飞船、货运飞船与核心舱对接在一起。

天宫一号以 7.8 千米每秒的第一宇宙速度在飞行，虽然神舟十号与它的相对运动速度较小，但绝对速度很大，而且两者是在同一个轨道上。所以，飞船要想实现绕飞，就必须进行变轨。神舟十号撤离到了距天宫一号一定距离的地方，按照预定程序进行变轨控制，从天宫一号上方绕飞至其后方，然后转为正飞姿态，天宫一号则转为倒飞姿态。这时，地面技术人员控制神舟十号逐渐接近天宫一号，完成近距离交会对接。

6月26日清晨，神舟十号返回舱在美丽的巨型降落伞的护送下，回到内蒙古主着陆场。10 名航天员，10 艘神舟飞船，宣告着载人航天工程第二步第一阶段任务完美收官，中国航天人已叩响了"空间站时代"的大门。

家园

# 空间站从这里起飞

"探索浩瀚宇宙，发展航天事业，建设航天强国，是我们不懈追求的航天梦。"党的十八大以来，以习近平同志为核心的党中央在领导推进新时代中国特色社会主义事业进程中，高度重视和关心航天事业发展，明确提出航天梦，强调航天梦是强国梦的重要组成部分。党中央对航天人提出了新的希望——在航天事业发展征程上勇攀高峰、不断前行，为建设航天强国和世界科技强国建功立业。在党的坚强领导下，中国载人航天踏上了新征程。

载人航天工程第三步的主要任务便是"建造空间站，解决有较大规模的、长期有人照料的空间应用问题"。

2001年11月22日清晨，中国载人航天工程的总设计师王永志站在办公室里，久久地凝视着墙上一张巨大的中国地图，他在寻找一个叫作"文昌"的地方。

就在这一天，国务院新闻办公室发布了《中国的航天》白皮书，描绘了一幅新一代大型运载火箭的发展蓝图：全面提高中国运载火箭的整体水平和能力，开发新一代无毒、无污染、高性能和低成本的运载火箭，建成新一代运载火箭型谱系列。其中，120吨液氧煤油发动机和 50 吨液氢液氧发动机，作为新一代大型运载火箭的基础动力名列其中。

尽管中国已拥有了可以载人的"金牌"火箭，但对于新一代火箭，却毫无研制和生产经验。而且，新的火箭从哪里飞向太空？都需要王永志这位总设计师运筹帷幄。

按照白皮书的要求，酒泉、太原、西昌 3 个航天发射场，其地理位置在大直径火箭运输、火箭飞行残骸落区安全等方面均不能满足新一代运载火箭的要求，迫切需要另行选址再建一座发射场。

王永志的目光，在"文昌"这个地名上停下了。

海南是航天专家们青睐的地方。这里是我国离赤道最近、纬度最低的地方，借助接近赤道的离心力，可以使火箭燃料消耗降低，卫星寿命延长，还可以通过海运解决巨型火箭的运输难题并提升残骸坠落的安全性。

航天发射场选在文昌，是因其有着得天独厚的地理优势。其理由有三：一是纬度低、发射效费比高，同等条件下能够明显提升地球同步轨道卫星运载能力，延长卫星使用寿命；二是射向宽、安全性好，火箭射向 1000 千米范围内均为海域，火箭残骸落区均在海上，可以满足安全性的要求；三是海运便捷、可行性强，可以解决由于新一代运载火箭直径大、现有铁路和空运均无法运输的难题。

过去，火箭从完成生产到运送至发射场，全部依靠铁路。但由于中国铁路隧道直径限制，超过 3.5 米直径的火箭无法穿过隧道运抵内陆发射场进行发射。发射场选在海南，火箭就可以通过水路运输，不再受体积限制。届时，火箭运输船从天津港出发，经渤海、黄海、东海、台湾海峡、南海、琼州海峡等海域，直达海南文昌清澜港，再通过公路运至发射场。

2009年9月14日，文昌航天发射场破土奠基。5年时间过去了，2014年的盛夏，原本一览无余的原野上，一座座可与雄鹰比高的建筑物、构筑物拔地而起。海岸线不远处，两座巨大的发射塔架直指苍穹。建成后的文昌航天发射场占地1.6万余亩，由测试发射、测量控制、通信、气象、技术勤务保障等五大部分组成，拥有长征五号和长征七号两型运载火箭发射工位、垂直总装测试厂房和水平转载测试厂房、航天器总装测试厂房、航天器加注扣罩厂房、指挥控制中心等，是一座发射能力强、运载效率高、射向范围宽、安全可靠、生态环保的现代化新型航天发射场，可承担地球同步轨道卫星、大质量极轨卫星、大吨位空间站和深空探测卫星等航天器的发射任务。7月、9月，发射场先后经历了17级超强台风"威马逊"和强台风"海鸥"的严峻考验。

长征七号近地轨道运载能力达到13.5吨，比长征二号F提高了近60%，是未来执行空间站建设任务的主力运载设备，也是发射货运飞船"天舟"的御用火箭。

2015年2月8日，长征七号火箭合练正式开始，这次协调接口、确定状态、锻炼队伍、形成能力的大会战进行了100多天。长征七号经受住了发射场自然环境条件的考核，进行了与有效载

长征七号火箭组合体垂直转运

荷的接口匹配、与全模块垂直总装、与新型活动发射平台的匹配，通过了低温推进剂从加注、停放到泄出的全过程考验，顺利地通过考核。

2015年9月至2016年1月，文昌航天发射场又完成了长征五号火箭的合练任务，同样过程顺利，成绩优异。经过这两次合练任务的考验，文昌航天发射场已经完全具备了实战发射的能力。

2018年4月，在太空飞行了6年半的天宫一号目标飞行器再入大气层，前往南太平洋中部区域，绝大部分器件在再入大气层过程中烧蚀销毁。就在天宫一号绚烂卸任之际，天宫二号闪亮登场了。

作为载人航天工程"三步走"战略第二步第二阶段的开山之作，天宫二号是我国首个正式的空间实验室平台和面向中期驻留的大型航天器。未来建立空间站、在轨维修、太空加注、舱外观测等，都需要在天宫二号中逐步完善。

天宫二号要完成三大任务：一是接受神舟十一号载人飞船的访问，完成航天员30天的中期在轨驻留任务，考核面向长期飞行的乘组生活、健康和工作保障等相关技术；二是接受我国首艘货运飞船天舟一号的访问，验证推进剂在轨补加技术；三是开展大规模空间科学和应用实验，以及在轨维修和空间站技术验证等试验。因此，天宫二号可以说是中国载人航天迈向空间站时代的跳板。

2012年，中国空间技术研究院专家朱枞鹏被任命为空间实验室系统的总设计师，负责天宫二号的总体设计研制。当时，还不到40岁的朱枞鹏已参与了从神舟一号到神舟七号飞船的设计研制任务。

天宫二号的基本构型和天宫一号一样，设计在轨寿命也是2年，但比天宫一号"飞得更高、实验更多、驻留时间更长"。朱枞鹏带领研制人员在天宫一号的基础上，进行了30多项较大的改动。天宫二号依然采用实验舱和资源舱两舱构型，但在此基础上，实验舱增加了在轨维修试验系统和舱外观测平台，资源舱增加了推进剂补加系统。天宫二号最主要的改变是配备了智能化的"大脑"，通过一套控制计算机系统和操作系统，可自主进行航天器飞行轨道、姿态调整，运行状态的智能化诊断。

2016 年，中国航天事业创建 60 周年之际，空间实验室飞行任务拉开了大幕。载人航天工程迎来前所未有的高密度任务周期，过去几年一次任务，如今不到一年就要连续执行四次任务；还将面临"四新叠加"的重大挑战：考核新研火箭、发射新型飞船、启用新建发射场、适应新的体制……

8 月 6 日下午，发射天宫二号的长征二号 FT2 火箭和发射神舟十一号的长征二号 F 火箭一同驶进发射场。载人航天工程有史以来的最长专列，在茫茫大漠中连接成一条"长龙"，成为难得一见的壮观场景。

9 月 15 日，月朗风清的中秋之夜，团圆与飞天，这两个在龙的传人心灵深处流淌的梦想在大漠深处交会，千年流淌的弱水河又一次目睹中国"天宫"的壮美出征。22 点 04 分，伴随着巨大的轰鸣声，天宫二号在长征二号 FT2 火箭的托举下拔地而起，奔向苍穹。7 分钟后，天宫二号进入近地点 200 千米、远地点 347 千米的预定轨道，太空中迎来了升级版的中国之"家"。

9 月 16 日，天宫二号成功实施了两次轨道控制，进入测试轨道。10 天后，又完成两次轨道控制，在距地面 393 千米的轨道上，静静地等待着神舟十一号的到来。

神舟十一号是"神舟"飞船家族的第 11 位成员，在继承神舟十号技术状态的基础上，调整了轨道控制策略和飞行程序：将交会对接轨道和返回轨道高度由 343 千米提高到 393 千米；通过优

神舟十一号航天员陈冬（左）、景海鹏（右）出征

化货物装载布局方案，提高了随行运输能力；新配备的宽波束中继通信终端设备扩大了测控覆盖范围，提升了飞船姿态快速变化时的天地通信保障能力；为满足未来空间站交会测量设备长寿命使用要求，对飞船的交会测量设备进行了升级换代。

时隔三年多，随着神舟十一号任务的到来，中国航天员再次启程。这次的飞行乘组由 2 名男航天员组成，是继神舟六号任务之后，再次由 2 人乘组执行任务。更少的乘组人数、更长的飞行时间、更多的在轨操作，对航天员的身心素质、工作能力、任务规划、作息设计、管理优化等都提出了更高的要求。

在空间站任务到来之前，神舟十一号是最后一次载人飞行，有着承上启下的重要意义。考虑到首批航天员技术过硬、经验丰富，第二批航天员年富力强、精力旺盛，工程指挥部决定，这两批航天员中都要有人参加任务。

10 月 17 日 4 点 40 分，执行神舟十一号任务的航天员景海鹏和陈冬踏着浓浓的月色，缓缓走出"问天阁"出征通道。

此刻，千里之外的太平洋上，不久前刚刚入列的新一代大型航天远洋测量船——"远望七号"船已在待命。在火箭升空 9 分 45 秒后，"远望七号"将北京航天飞行控制中心传来的"太阳帆板展开"指令注入飞船，这是"远望七号"向飞船发出的第一个极其关键的指令，神舟十一号开始了在太空长达 33 天的探索之旅。

19 日凌晨，经过多次变轨，神舟十一号寻找到天宫二号，在自主导引控制下来到距离天宫二号 5 千米的地方，在 5 千米、400

神舟十一号发射

米、120 米和 30 米 4 个停泊点相继停泊后，中国式的"太空之吻"暂停 3 年之后再次在太空上演。

进入属于中国人的"太空之家"后，景海鹏通过新华社发表了第一篇《太空日记》，他说，这次是自己第三次上天、两次进入"天宫"。天宫二号比天宫一号更舒服，布局、装修、颜色搭配都非常好，一切都很温馨，真的像是太空中的一个家了。

除了必要的健身器材之外，借助天地链路，通过地面数据转换，航天员在轨时可以与地面实现视频互动，还能阅读电子书刊，收看电视节目。在睡眠区里，设计师还专门增加了"云插座"，可供航天员与家人进行私密通话。

在"失重 33 天"之中，景海鹏和陈冬身兼工程师、医生和菜农数职，"你种菜来我养蚕"，共进行了 30 多项的实验项目操作。景海鹏曾在飞行期间展示一件并不鲜亮的实验服，内含多个粘扣，可以随时打开需要的扣子进行 B 超、血压和心电的测量，这是航天员首次在太空进行自主医学指标测试，地面人员将根据他们在飞行前、飞行中和飞行后的数据对比，找出变化规律，从而更好地研究人类在轨的身体指标变化。

11 月 17 日，景海鹏和陈冬已在太空飞行了整整 30 天，他们依依不舍地关上天宫二号舱门，回到飞船轨道舱。12 点 41 分，神舟十一号同天宫二号成功分离，踏上归途。11 月 18 日 13 时 59 分，冬日的内蒙古阿木古郎草原这片在蒙古语中意为"平安"的地方，又一次将巡天归来的航天员迎接回家。此后，天宫二号转至独立

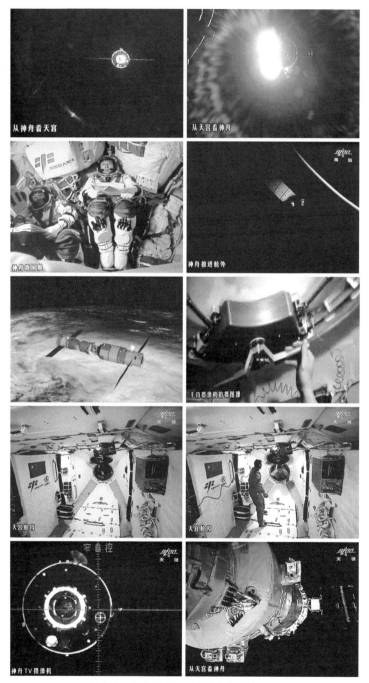

神舟十一号与天宫二号自动交会对接组图

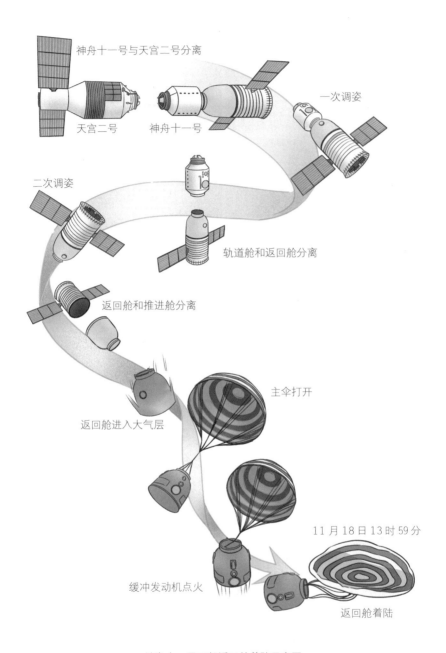

神舟十一号与天宫二号分离

天宫二号　　　　神舟十一号

一次调姿

二次调姿

轨道舱和返回舱分离

返回舱和推进舱分离

主伞打开

返回舱进入大气层

11月18日13时59分

缓冲发动机点火

返回舱着陆

神舟十一号飞船返回舱着陆示意图

内蒙古中部主着陆场，气象人员正在放飞气象测量探空气球与测量设备

运行轨道，等待天舟一号货运飞船的到来。

　　建设空间站，需要不断为在轨的航天员输送生活、工作物资和空间站转运所需的推进剂。由此，载人航天工程的又一个大系统——货运飞船系统诞生了。按照工程总体要求，货运飞船要进行"型谱化"设计。所谓"型谱化"，并不是将已有的不同规格的同类产品简单罗列组合，或是改进现有产品的特性、功能，而是以最少数目的不同规格产品为标志的、能满足较长时间及一定

神舟十一号飞船安全着陆

神舟十一号航天员景海鹏（左）、陈冬（右）归来

范围内全部使用要求的产品系列。

20世纪中后期，部分发达国家就开始了航天通用产品型谱化的研制和应用。"联盟号"系列飞船自1966年首次设计以来，经过数次升级换代，衍生出货运飞船等多种适应不同任务需求的型谱，是型谱化应用的典范。

尽管从神舟一号到神舟十一号，设计师们用连战连捷的成绩打造了安全、可靠、稳定的载人飞船，但"神舟"系列飞船的设计理念还不能称为"型谱化"。真正迈出载人航天器型谱化设计第一步的是货运飞船。针对运输货物的不同类型和需求，为取"天地之舟"之意，被命名为"天舟"的系列飞船设计了"全密封"、"半开放"和"全开放"三种型谱。

中国空间技术研究院的卫星专家白明生被任命为货运飞船的总设计师。从拿到研制任务书的那一刻开始，他和各个部门像一部机器里的零部件似的，相互配合着开始了高效而有序的运转，从系统方案、飞行方案到技术状态、大型试验、技术流程，再到可靠性安全性、货物装载方案，并行完成了全密封、半开放两种构型货船的详细设计方案。在完成初样力学、热学、电磁兼容性、大系统联式等大型试验后，他们开始了紧张的双线作战，一部分人员奔赴文昌进行全密封构型船的合练，另一部分人留在北京开展半密封构型船的研制试验。

2011年1月27日，货运飞船的立项论证工作结束，货运飞船被命名为"天舟"。经过比较，我国的首艘货运飞船采用的是全密封的型谱状态，由结构与机构、制导、导航与控制、测控与通信、数管、电源、仪表与照明、推进、对接机构、热控、环控、货运保障、空间技术试验和总体电路13个分系统组成。进入正样研制后，白明生和研制团队再次兵分两路，一方面将初样船改造成综合验证平台，进行飞船和载荷可靠性增长测试验证，一方面投入正样船的研制……

在天舟一号任务中，在轨推进剂补加是关键，从技术要求到实施方案，从通信协议到系统级验证，从试验的策划到覆盖性的检查，白明生倾注了大量心血，他提出的推进与补加融合/隔离功能方案，实现了飞行器间燃料的共用和分配；组合体补加自主故障诊断与处置功能方案，最大限度地保证了飞船的安全；组合体补加程序涵盖了正常和故障的各种情况，让飞船在轨可能出现的全部情况都在预案的掌握之中。由于货运飞船装载的货物多，带来了舱内货物状态变化，针对交会对接要适应质心位置大范围变化这一特点，白明生从布局控制和姿态控制能力联合攻关，通过优化设计平台飞行模式，使得货运飞船发射窗口的适应能力更加宽泛，两个发射周期的间隔进一步缩短，做到了发射周期内每天都有窗口时间，极大地提升了货运飞船对发射和货物运输任务需求的适应性。同时，白明生还为飞船设计了一条更节省燃料、对接适应能力更强的轨道。这条轨道不同于以往的载人飞船，可以根据"天宫"的飞行轨道灵活调整飞船自身的轨道控制策略，适应各种条件下的交会对接。

天舟一号货运飞船组合体垂直转运

天舟一号还是我国第一个实现天地一体化互联网络的航天器，测控与通信分系统用七大链路搭建起了天地间的互联网。天舟一号新增的舱内通信网配合着中继 Ka 波段高速数传链路，成为搭建载人航天器天地一体化互联网最关键的一环。舱内通信网由高速通信处理器、以太网交换机和 2 台高清网络摄像机，以及其他一些网络终端设备组成。这样的天地一体化以太网高速通信系统，实现了货运飞船内部数据的百兆交互，并且支持商用以太网接口产品的直接接入，是我国载人航天器平台信息系统通用性建设上的一大进步，为将来建立行星际互联网迈出了扎实的第一步。

货运飞船上的三条中继链路借助"天链一号"中继卫星构建起以天基为主的测控通信体系，实现交会对接、推进剂补加等关键事件的全程跟踪测控，既方便了对在轨设备状态的及时监测、处置，减少了对陆基测控站和海基测量船的依赖，将测控跟踪的覆盖率由 15% 左右提高到 80% 以上，同时极大地提高了测控通信的效率，减少了经费投入，为后续空间站的长期运营开创了经济高效的道路。

货运飞船的空间技术试验分系统是随着工程的发展应运而生的。"神舟"飞船没有这个分系统。这一状况到了天舟一号任务时发生了改变，增加了这个分系统后，在满足运输货物需求的同时，可以最大限度地发挥平台效能。

天舟一号任务的 5 个载荷方、10 多个试验项目、30 余台载荷设备，全部被纳入到空间技术试验分系统管理的范围中。货运飞船系统总体通过载荷运控方案设计，编制了相应的飞行程序，用"最强大脑"载荷公用平台控制包括空间应用实验、特殊技术试验、航天技术试验等各类试验项目的开展。一旦载荷设备出现异常，平台能快速反应，采取措施，确保安全。

2014 年 9 月，货运飞船的初样研制完毕，"天舟"系列基本定型，进入正样研制阶段。正样投产的只有一艘全封闭状态的货运飞船，任务定位为空间站货物运输系统的首次飞行试验。

2015 年 4 月，天舟一号正样投产。即将出厂前，白明生带领总体部的技术人员集中在一间会议室里，沉下心来进行系统总结验证、检查产品状态，把 148 项系统级试验项目的海量数据，飞行任务中 107 项关键事件、4800 余项指令级动作和 328 项飞控预案逐个进行复查和推演……

2017 年 1 月，白明生拿到了天舟一号的产品合格证。第一次"浮出水面"的天舟一号由货物舱和推进舱组成，重约 13 吨，总长 10.6 米，最大直径 3.35 米，太阳帆板展开后最大宽度 14.9 米，物资上行能力约 6 吨，推进剂补加能力约 2 吨，具备独立飞行 3 个月的能力。

天舟一号的运载任务，由不久前首飞成功的长征七号火箭承担。2 月 5 日，天舟一号从天津港启程，2 月 13 日运抵海南文昌。3 月 2 日，长征七号火箭从天津港启程，3 月 11 日运抵发射场。

2017 年 4 月 10 日，作为此次任务海上测控的唯一力量，承担着天舟一号入轨段和运行段海上测控通信任务的"远望七号"船

长征七号运载火箭垂直转运

长征七号运载火箭在海南文昌航天发射场进行发射前测试联调

从江阴码头起航。

作为载人航天工程空间实验室阶段的收官之战，4 月 20 日 19 时 41 分，携带着天舟一号货运飞船的长征七号火箭在剧烈的轰鸣中拔地而起……

4 月 22 日，是天舟一号与天宫二号首次交会对接的日子。这次交会对接有一个显著特点，就是新研制的光学成像敏感器将首次在阳照区开展工作。这就好比人们对着太阳找天上的飞鸟，要求光学成像敏感器在非常刺眼的环境下，能够快速找到目标。因此，这次交会对接也被形象地称为是一次"耀眼阳光下的牵手"。

"天舟转自主控制状态。"10 时 02 分，北京航天飞行控制中心总调度一声令下，天舟一号开始向天宫二号靠拢。通过指挥大厅的屏幕，从天宫二号看天舟一号，是一个背光的景象，一个亮点闪着光晕逐渐变大、变亮，太阳帆板渐渐显现出来。而从天舟一号看天宫二号，却是一片神奇的逆光，一条条光芒排列成时空隧道般的景象，色彩缤纷，无比震撼。

天舟一号抵达 30 米的停泊点时，大屏幕上清楚地看到它的十字准星正在逐渐向天宫二号的靶标对准。10 米，7 米，5 米，3 米，1 米……当天舟一号捕获到天宫二号的对接轴之后，经过缓冲、校正、拉回等技术动作，两个航天器完成了舱内环境、信息传输总线、电源线和流体管线的连接，成为组合体。接下来，它们展开了本次飞行的三项重大试验——推进剂在轨补加、快速交会对接和自主绕飞。

就像汽车需要加油，空间站长期在距离地面400千米左右的轨道上飞行，会因大气阻力导致轨道高度降低，也需要补加推进剂来维持轨道高度。只有突破"加油"技术，才能确保空间站持续稳定运行。空间站太空"加油"这项任务将由"天舟"货运飞船来完成。这项技术和关键设备是由航天科技集团公司六院八〇一所自主研制的。要想在太空顺利"加油"，首先要保证两个航天器精准对接。在轨推进剂补加，主要通过安装在对接机构上的4路推进剂补加液路浮动断接器来实现。这就相当于"加油的管路"和"油枪"都安装在了对接机构产品上。而航天器交会对接会产生巨大的对接能量，对于对接机构的缓冲耗能能力提出了很高的要求，但也是空间站建设必须突破的。研制团队在继承"神舟"飞船和空间实验室成熟经验的基础上，根据货运飞船的特点，优化了系统设计，提出了推进和补加系统一体化的设计方案，满足了任务需求。

天舟一号与天宫二号采用的是快速交会对接的方式。这种方式可以缩短航天员在飞船中的时间，减少不必要的体力与精力付出，还可以保障把科研用品特别是生物制剂等无法长期运输的货品尽快送达空间站，如果空间站等航天器突遇紧急情况，通过快速交会对接可以迅速实施抢修与紧急救援。目前，2—3天交会对接策略是地面向国际空间站运送航天员的主要方式，"联盟号"飞船、航天飞机与国际空间站均采用此方式。

以往"神舟"飞船的交会对接从发射到具备交会对接条件需

要大约 2 天时间，过程中还有大量的人工参与，而天舟一号从入轨到对接成功只有几个小时，而且以飞船的自主制导和控制为主。这是因为，空间站建成后重量将达到百吨级，当有飞船造访时，不可能大幅度调整姿态与之对接，只能是飞船自动寻找对接口进行全自主绕飞。而自主绕飞难度极高，需要通过多次变轨和姿态机动来完成。所以，"自主"二字成为了快速交会对接的核心和难点。与神舟十号在地面人员支持下进行的绕飞不同，此次绕飞中的制导、调姿及进入 5 千米保持点均由飞船上的软件自主规划完成。当指令发出，制导导航与控制系统的计算机便开始规划绕飞轨迹、进行变轨控制和姿态机动，全部自主完成。这样，不仅减轻了地面支持人员的工作强度，更重要的是飞船可以在测控区外进行自主绕飞。

天舟一号与天宫二号成功"牵手"后，"太空加油"随即开始。4 月 23 日 7 时 26 分，在轨补加系统成功建立，北京航天飞行控制中心的大屏幕上呈现出了一幅"推进剂补加态势图"。蔚蓝色的星空里，一条条管路、一个个阀门、一个个参数以及不同颜色的贮箱清晰可见。这幅态势图出自飞行控制中心年轻的科研创新团队之手，是基于推进剂补加原理和管路原理而设计，采用模型构建和逻辑抽象方法，实现了推进剂补加过程的动态可视化展示。

利用天宫二号与天舟一号燃料贮箱的压力差，推进剂自动地从天舟一号输送到天宫二号中。

4 月 26 日，试验进行到了第 4 天，天宫二号的"肚子"越来越满，而天舟一号已"两手空空"。4月27日22时，试验进行到最后的"状态恢复"步骤，要把"油管"中残留的推进剂清除干净，确保两个航天器分离时不会有残存的推进剂扩散到太空里污染对接机构和航天器表面。飞行控制中心大厅里的气氛开始炽热起来，每个人的脸上都带着微笑，透着自信，透着从容。不一会儿，总调度口令在大厅中响起："推进剂在轨补加试验完成，后续工作按计划进行！"听到这个消息，现场所有的人都情不自禁地站起身来，为"太空加油"的成功而庆贺欢呼。

6月15日18时28分，天舟一号与天宫二号进行了第二次推进剂在轨补加试验。两天的时间里，相继完成了浮动断接器插合、管路检漏、燃料贮箱补加、氧化剂贮箱补加、浮动断接器分离和状态恢复等工作。

9月12日，天舟一号承担的又一项重要任务开始了。它要在这天深夜与天宫二号进行自主快速交会对接。在此之前，地面人员对天舟一号实施了4次轨道控制，保证了试验的初始轨道条件。17时24分，天舟一号转入自主快速交会对接的模式，先是自主导引到远距离导引终点，然后利用导航设备与天宫二号交会。接下来，两个航天器的对接机构成功接触完成对接。整个过程历时约6.5小时。

9月16日20时17分，天舟一号与天宫二号进行了第三次，也是这次飞行中的最后一次推进剂在轨补加。根据推进剂使用量的动态评估结果和天宫二号后续任务的需求，这次只是为一组贮箱进行补加。三天时间里，共补加推进剂 250 千克，完成了浮动断接器插合、管路检漏、燃料贮箱补加、氧化剂贮箱补加、浮动断接器分离和状态恢复等工作。

9月22日18时，天舟一号完成了长达5个月的拓展应用和相关试验，开始进行其最后的使命受控离轨。在测控通信系统的精确控制和密切监视下，天舟一号经过两次制动，轨道高度不断下降，最后进入大气层烧毁。

天舟一号任务的成功，标志着我国建立了完善的空间站货物运输系统，突破并掌握了推进剂在轨补加技术，为空间站的建造和运营打下了坚实的基础。

天宫二号在完成原定任务之后，又超期服役近10个月，超额完成了一系列补充试验。天宫二号创造了中国载人航天史上最长的驻留纪录，创造了中国航天史上的多个第一。2019年7月19日。天宫二号受控离轨，再入大气层，进入南太平洋预定的安全海域。

随着空间实验室飞行任务圆满收官，中国载人航天工程"三步走"战略的第二步已圆满完成，将全面进入空间站研制和建设阶段，阔步迈进"空间站时代"！

# "天和"入列

建造空间站、建成国家太空实验室，是我国载人航天工程"三步走"战略目标的第三步，也是建设科技强国和航天强国的重要引领性工程。

建设空间站也是我国持续推进航天技术进步，由航天大国迈向航天强国的关键一步，汇集了航天领域最尖端、最复杂的科技成果，所以它的研制和建设绝非易事，需要攻克大量的关键技术难题。

空间站工程立项后，工程总体组织了长达两年的技术方案设计和论证。曾经是天宫一号总设计师的杨宏被任命为空间站系统的总设计师。

中国空间站重量为60多吨，在对接载人飞船和货运飞船时，可以达到90多吨。空间站为三舱组合体，由天和核心舱、问天实验舱和梦天实验舱组成，由长征五号B运载火箭分3次在文昌航天发射场发射入轨，通过空间交会对接和舱段转位完成在轨组装建造。建成后，平时可支持3名航天员长期驻留，乘组轮换期间可支持6人驻留，并有足够的空间开展有人参与的空间科学实验、航天医学实验和航天新技术试验。

作为空间站在轨建造的"第一棒",核心舱是最重要的舱段,主要用于空间站的统一控制和管理,具备长期自主飞行能力,可支持航天员长期驻留,开展航天医学实验、空间科学实验和航天新技术试验。被命名为"天和"的核心舱是我国迄今为止最大的航天器,由节点舱、小柱段、大柱段、后端通道和资源舱组成,总长度16.6米,最大直径4.2米,重22.5吨。舱外有一对大型机械臂,是我国首个具有七个自由度的机械臂,工作时长度可达18米、直径约4米,在太空能够实现类似人类手臂的运动能力,不仅可以抓取物体,还可用于设备的对接、安装、变轨和分离等操作。

天和核心舱为航天员提供了约50立方米的生活工作空间,分为工作区、睡眠区、卫生区、就餐区、医监医保区和锻炼区6个区域。睡眠区配备了3个独立的卧室和1个卫生间,每名航天员都有独立的睡眠环境;就餐区配备了食品加热、冷藏,饮水设备和可收放餐桌;锻炼区配备有太空跑台、太空自行车、抗阻拉力器等健身器材。

在天地通信体验上,空间站与天宫空间实验室最大的不同是增加了天地互联网通信系统,使天地间的互联网融为一体,让航天员在天上也能使用手持摄像机和平板电脑,通过 Wi-Fi 热点接入网络,享受到现代互联网生活带来的种种便利。

神舟十二号任务到来之前,我国航天员在太空中驻留最高时长为33天,之前所需的水和氧气都由航天器直接带入太空。但空间站时代，航天员要长期在轨，直接带入已不能满足需求。为此，空间站设计了一套完整的可再生生命保障系统。这个系统，能将航天员呼出的水蒸气以冷凝水的方式回收；将航天员的尿液回收净化，重新作为饮用水和生活用水使用，或是通过电解制氧技术，将这些水制取为氧气，这样就大幅降低了对于氧气的补给需求。除此之外，在空间站，有超过一半的资源可以再生利用。

空间站建成后，不仅是航天员的"太空之家"，也是科学家的"太空实验室"。按照规划，空间站将在轨运行 10 年以上。经过科学且慎重的遴选，空间站搭载安装了包括生物学、材料科学、基础物理、微重力、流体等科学实验设施，部署了十多个科学实验柜和舱外暴露实验平台，每一个实验柜和实验平台都是一个小型的太空实验室，支持一个或多个方向的空间科学与应用研究。

2019 年 10 月，载人航天工程总设计师周建平在第四届中国人因工程高峰论坛上说，我国将遵循符合国情和体现国家发展战略等原则，在 2022 年前后完成空间站的建造并开始运营。

2020 年 1 月 20 日，空间站核心舱的初样产品和新一代载人飞船试验船，经过 1 周的海陆运输，先后运抵海南文昌。

新一代载人飞船是为近地空间站运营和后续载人月球探测等任务研制的新型飞船，体形比"神舟"飞船大，全长 8.8 米，发射质量 21.6 吨，一次可将 6—7 名航天员送到距离地面近 400 千米的空间站，还能实现 38 万千米外的载人登月，甚至去更远的星球探险。

虽然"天舟"货运飞船可以将货物从地面运到空间站，但却不能将货物从空间站带回地球。而在空间站上开展微生物实验的样本，或在太空制造的产品，都需要带回地面做进一步研究。为了解决这个问题，新一代载人飞船采用返回舱加服务舱的两舱设计，可以将产品放在返回舱中带回来，让大多数设备进行 10 次左右的重复使用。

5 月 5 日 18 时 0 分，新一代载人飞船试验船和柔性充气式货物返回舱试验舱升空。用于发射飞船的是新研制成功的长征五号 B 运载火箭，作为目前近地轨道运载能力最大的火箭，全长近 53.7 米，相当于 18 层楼高，起飞质量约 849 吨，运载能力达到 25 吨级，空间站舱段等大型航天器都将由它来发射。

随着长征五号 B 的首飞成功，中国空间站建造大幕从此拉开。

5 月 8 日 13 时 49 分，新一代载人飞船试验船完成了多项空间科学实验和技术试验，回到东风着陆场。

时光进入 2021 年，新年刚过，载人航天战线就传来一个好消息，中国人自主研制的空间站天和核心舱和天舟二号货运飞船分别通过了专家评审，这意味着"天和入九天"的日子为时不远了。

4 月 29 日，在空间站天和核心舱发射任务的新闻发布会上，中国载人航天工程办公室发言人对外宣布：中国的空间站建造分为关键技术验证和建造两个阶段，共规划了 12 次飞行任务。其中，关键技术验证阶段安排了 6 次任务，主要是为了验证航天员长期在轨驻留、再生式环境控制与生命保障、空间物资补给、出舱活动、柔性太阳电池翼、机械臂、大型柔性组合体控制、在轨维修和舱外操作等关键技术，开展空间科学实验和技术试验；建造阶段也有 6 次任务，包括问天实验舱、梦天实验舱、两次货运飞船和两次载人飞船的发射。空间站计划在 2022 年前后完成建造，之后，将进入 10 年以上的应用与发展阶段。在这一系列任务中，每次载人飞行任务的航天员乘组均为 3 人，驻留时间为 3 个月至 6 个月。每次载人飞船发射前，都先发射一艘货运飞船，为航天员运送生活物资。

4 月 29 日 11 时 23 分，长征五号 B 火箭将天和核心舱成功送入预定轨道。"天和"入轨后，在距离地面约 400 千米的轨道上，静候"天舟""神舟""问天""梦天"的陆续来访，共同完成空间站组装建造的建"宫"大业。

# 天上有了中国家

在中国空间站的常态化运行中，将由 3 名航天员作为一个乘组长期飞行，定期轮换。轮换期间，最多可有 6 名航天员同时在空间站里工作。完成交接后，前一个乘组乘坐载人飞船返回地球。此前我国载人航天飞行任务约两年一次，而空间站建造和运营期间每年将有多次发射，因此需要的航天员类型和人数会更多。

目前我国的航天员都是从空军飞行员中选拔，主要是航天驾驶员。空间站将开展太空科学实验，还需要飞行工程师和载荷专家。飞行工程师执行对空间站的建造、维护维修等任务；载荷专家主要是在太空实验室中做实验。针对这些变化，2020 年，第三批 18 名航天员已经选拔完毕，主要从空军飞行员、科研院所科学家和工程师、科研单位专家等人员中产生，男女均有，目前正在学习训练，为空间站运营阶段的任务做飞行准备。

空间站舱段多、运行时间长，航天员要有大量的时间用于维护和管理，并参与空间站的组装建造。这就对航天员的专业知识储备和科学素养提出了极高的要求。

空间站在轨建造阶段一共安排了 4 次载人飞行。2019 年 12 月，

载人飞船系统总指挥尚志（中）、总设计师张柏楠（右）等在任务现场

航天员系统按照新老搭配、统筹规划的原则，综合航天员的飞行经验、与任务的匹配度、彼此之间的心灵相容性以及协调配合的能力等因素，完成了从神舟十二号到神舟十五号4个飞行乘组的选拔。

神舟十二号任务是空间站建造阶段的首次载人飞行，而且要实施首次出舱活动，可谓挑战巨大。所以，乘组的选拔是慎之又慎。最终，有过两次飞行经验的聂海胜、神舟七号时执行过出舱任务的刘伯明和曾作为神舟十一号任务备份航天员的汤洪波三人组成了"新老搭配，以老带新"的任务乘组。

兵马未动，粮草先行。在发射载人飞船之前，需要向空间站先发射货运飞船，将各种"粮草"提前送到。2021年5月29日20

神舟十二号航天员汤洪波（左）、刘伯明（中）、聂海胜（右）出征

时 55 分，搭载着天舟二号货运飞船的长征七号火箭点火发射。天舟二号携带了为神舟十二号航天员准备的生活物资、舱外航天服及空间站平台设备、应用载荷和推进剂等，与天和核心舱完成交会对接后，天舟二号转入组合体飞行段。对接期间，天舟二号为核心舱进行了燃料加注与姿态控制，值得一提的是，核心舱推进系统实现了完全自主补加，不再需要地面指令干预或是航天员的辅助。此外，天舟二号还带去了实验设备等物资，等到神舟十二号飞船将航天员送到"天和"核心舱之后，再由他们在轨取出安装。

6 月 17 日 6 时 32 分，载人航天工程总指挥李尚福下达命令，聂海胜、刘伯明、汤洪波 3 名航天员领命出征太空。此时，天和核心舱与天舟二号的组合体正运行在对接轨道上。15 时 54 分，神

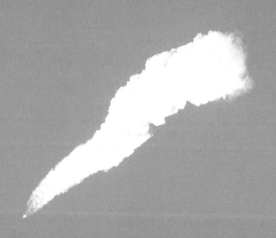

神舟十二号飞船发射

神舟十二号飞船发射

舟十二号采用自主快速交会对接模式，对接于天和核心舱的前向端口。3名航天员进驻核心舱，成为中国空间站的首批"太空访客"。

根据任务安排，神舟十二号要开展两次出舱活动及舱外作业，包括舱外航天服在轨转移、组装、测试，开展舱外工具箱的组装、全景摄像机抬升和扩展泵组的安装等工作。

全景摄像机之所以要抬升，首先是因为空间站尺寸庞大，运行过程中会面临诸多挑战，需利用摄像机随时监控舱外情况；再者，由于发射时受到外暴露的限制，摄像机被安装在了较低位置，视角有限，入轨之后，就需要给它安装支架，扩展它的视角，以便监视整个舱外的情况。

7月4日7时30分左右，刘伯明和汤洪波身着"飞天"舱外航天服出现在节点舱。聂海胜"坐"在大柱段的计算机前，关注着两人的状态，并不时发出操作指令。

出舱准备工作就绪，给节点舱泄压、航天员吸氧排氮、开展通信测试……8时11分，当舱内气压接近真空状态时，刘伯明打开节点舱上方的出舱口舱门，跃身来到浩瀚宇宙。"哇，这外面太漂亮啦！"刘伯明惊叹道。

在此之前，空间机械臂已经来到了出舱口，进入整臂待机制动状态，它将是航天员在舱外的移动工具和临时工作站。

刘伯明出舱后，汤洪波并没有紧随其后。接下来一段时间，他们要以一上一下的姿态，打好第一场配合战——在空间机械臂上安装脚限位器和操作台。就像地面建筑施工队似的，汤洪波负责"搬砖"，刘伯明负责"搭建"。刘伯明接过汤洪波从舱内递上来的脚限位器，将其安装在空间机械臂的一端。这是底座，也是用来固定航天员双脚的，航天员"站"在上面可以随机械臂"爬行"移动。舱内，汤洪波对操作台组件进行初步安装，随后用带挂钩的绳子传递给刘伯明，由刘伯明安装在脚限位器一侧。这就是舱外工作用的操作台。在刘伯明的腰间，还有一个微型工作台，这是他在舱内就已经戴好了的。最后传递上来的是此次舱外工作要用的把手、抬高支架和一些专用工具，刘伯明把它们一一挂在操作台上。至此，第一项舱外工作顺利完成。

这时，舱内的聂海胜准确指挥着机械臂缓缓移动，刘伯明"站"在脚限位器上，准备开展第二项工作。

11 时左右，汤洪波跃身出舱，借助舱表扶手"爬行"，每走一步，都要把身上安全绳的另一端挂在扶手上，防止飘走。到达预定位置后，他拔掉全景摄像机的电缆插头，在汤洪波的配合下，刘伯明开始拆装工作，先是给全景摄像机装上把手、卸掉安装脚，小心翼翼把它取下来，随后，将一个圆柱形加长支架装在摄像机原来的位置，之后装摄像机、插电缆插头、拆把手。这样的动作，刘伯明在地面预演了很多次，早已熟记于心，但地面环境毕竟和太空有很大区别，在太空中操作还是相当困难的。

随着全景摄像机开始工作，地面的人们透过镜头看到，在白云的衬托下，蓝色的地球晶莹剔透，非常漂亮。

太空环境异常复杂，尽管科研人员设计了多种安全保障措施，但逃生技能仍是航天员的必修课。为此，第三项舱外工作就是应急返回演练。

汤洪波先是爬到了天和核心舱的最远处，接到撤离命令后，第一时间折回，以最快速度进入了节点舱。刘伯明随着机械臂的移动，也很快来到舱口，把工具一一取下来递给汤洪波，最后把操作台和脚限位器卸下来，在汤洪波的配合下，进行舱外工具箱和脚限位器的安装。

完成全部出舱任务后，刘伯明对着摄像机镜头挥手说："感谢所有参研参试的科研人员，感谢全国人民的大力支持，后续我们还会出舱，还会飞得更高，空间站还会越建越大。"

8月20日，神舟十二号执行了第二次出舱任务。三位航天员调整了分工，由聂海胜和刘伯明出舱，汤洪波留在舱内进行指挥与协作。出舱前，他们对舱外航天服的尺寸进行了调节，并更换了手套型号。

8时38分，一切准备就绪，聂海胜开启舱门，与刘伯明先后出舱。他们的任务是安装舱外的热控扩展泵组、抬升舱外全景摄像机和组装舱外的工具箱。

在太阳光线的直射下，失去大气层保护的空间站表面温度可达150 ℃以上，背阳面最低可达零下100 ℃以下，在这样严酷的太空环境中，热控系统是保障空间站设备正常运行和航天员生活舒适的重要系统。它的核心之一是流体回路，均匀地包裹住空间站的重要部位，通过特殊液体在管路内的往复循环，将舱内设备

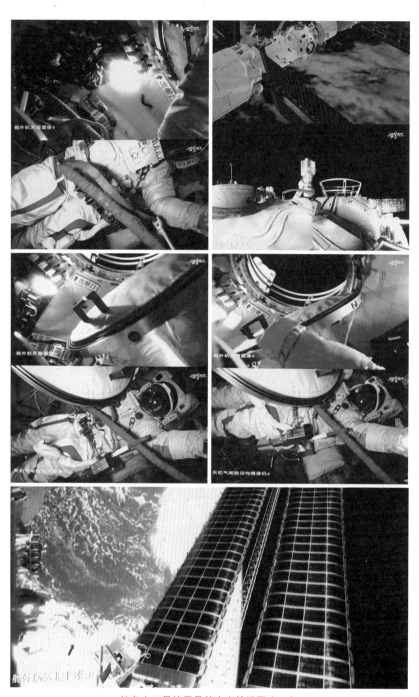

神舟十二号航天员首次出舱组图（一）

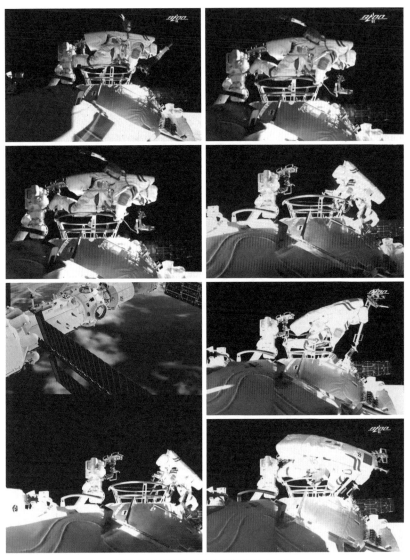

神舟十二号航天员首次出舱组图（二）

以及航天员产生的热量收集起来，通过回路带到相应的设备和结构中实现散热和补热，从而精确控制不同"房间"的温度，并保持均匀和稳定，就像是空间站的"中央空调"。核心舱发射入轨时，这套系统就已启动，为保证热控系统长期稳定运行，还需要在舱外安装一套备份用的扩展泵组。

两位航天员还是从空间站节点舱出舱，聂海胜拿着扩展机箱，乘坐机械臂从节点舱向后移动到资源舱。刘伯明通过爬行来到操作工位，协助聂海胜完成了两台热控流体回路循环泵的安装。之后，他们又乘坐机械臂返回到出舱口，将全景摄像机抬升。最后，他们在出舱口的旁边安装了两个装备，一个是脚限位器，另外一个是助力手柄，它们可以协助航天员在舱外打开舱门，为后续的试验任务做准备。

在航天员与地面指挥人员、工作人员的密切配合下，这次出舱活动经过了 6 个小时，聂海胜和刘伯明安全返回核心舱，整个过程比原计划提前完成了约 1 小时，可谓精彩完美。

空间站建造期间计划实施 49 项航天医学实验项目，神舟十二号将完成 14 项。天和核心舱搭载的人系统研究机柜就是其中很重要的一项。人系统研究机柜是空间站中首次应用的航天医学实验领域的主要设施。在轨期间，三名航天员首先对人系统机柜、太空医学样本储藏柜和离心机进行了解锁和充电测试。之后，每天一次医学询问通话，每周一次健康评估，每月一次综合评定，他们互相进行采血、化验、超声常规医学检查，地面人员会实时跟踪掌握他们的各项身体指标，使他们保持良好的健康状况。

2021 年 9 月 2 日，央视《开学第一课》首次把课堂搬进了太空，通过天地连线，请三位航天员为同学们带来了一堂别开生面的"太空授课"。聂海胜教授了"巡天太极"的动作；汤洪波展示了用筷子夹水的技能；刘伯明则用毛笔写下了"理想"二字，激励同学们坚定理想，发愤图强。

夏去秋来，神舟十二号乘组已在空间站工作生活了90天，刷新了航天员单次飞行任务太空驻留时间的纪录。太空动感单车、空间站折叠厨房……3个月来，他们用一系列新奇而有趣的"太空细节"，将遥远神秘的太空拉近到人们身边，展示了一个充满浪漫与奇幻的太空世界。

9月16日8时56分，神舟十二号载人飞船与天和核心舱实施分离，即将返航。与以往11次任务不同，这次返航的地点不再是过去的四子王旗着陆场，而是东风着陆场。东风着陆场同样在内蒙古自治区境内，位于巴丹吉林沙漠和戈壁带，这里地势辽阔、人烟稀少，非常适合飞船返回。

17日12时43分，北京航天飞行控制中心发出返回指令，神舟十二号返回舱和轨道舱成功分离，13时34分在预定区域着陆，落点近乎完美。这是东风着陆场迎回的第一艘载人飞船，伴随着"太空出差三人组"的如期返航，"东风"成为了载人飞船出发与回归的母港。

# 摘颗星星带回家

神舟十二号返回当天，正在大家为航天员的凯旋欢呼庆贺时，天上的空间站组合体又做好了"收货"的准备。

2021年9月20日，文昌这座年轻的航天港再一次吸引了世界的目光。伴随着一阵山呼海啸般的巨响，长征七号运载火箭携带着天舟三号货运飞船飞向太空，这天距离天舟二号的发射仅仅过去了114天。

此次的主要任务是停靠空间站期间的物资补给、推进剂补加、轨道维持和抬升等。关于货运飞船的技术，基本上在天舟二号任务中都得到了验证，所以，天舟三号是一次应用性飞行，为满载状态，比天舟二号多带了25%的货物量，可满足3名航天员6个月的在轨驻留需要。

天舟三号除了担任快递小哥之外，还多了两项新任务：一是验证与核心舱的伴飞能力，同时给"问天"实验舱留出对接安全通道；二是如果"问天"实验舱入轨遭遇异常，它将与核心舱对接后实施变轨，协助核心舱完成与"问天"的对接，为建造空间站做出贡献。

9月20日22时08分，"天和"与"天舟"再次在太空团聚。这时，天舟三号已通过绕飞来到原本停靠神舟十二号飞船的位置。两艘货运飞船同时对接在核心舱的两端，形成"一"字形构型，这在中国载人航天史上还是第一次。

鲜花簇拥英雄再启征程，火箭托举飞船续写梦想。神舟十二号返回地球1个月后，中国"神舟"再次出征。作为空间站关键技术验证阶段第六次也是最后一次飞行任务，神舟十三号是一次承上启下的任务。如果预定任务在6个月内如期完成，就意味着完成了空间站关键技术验证，离建成天宫空间站的目标也就更近了一步。

10月15日傍晚，大漠深处的酒泉卫星发射中心寒气逼人，气温已降至零下，可来自四面八方的人们仍在冷风中兴奋地等待着那个不同寻常的时刻。

21时40分，神舟十三号航天员翟志刚、王亚平和叶光富身着乳白色航天服，走出"问天阁"。走在最前面的是指令长翟志刚，他6天前刚刚过了55岁生日。他的左边是女航天员王亚平，右边的是第一次出征太空的叶光富。

"总指挥长同志，我们奉命执行神舟十三号载人飞行任务，准备完毕，请指示！"时隔13年后，广场上再次传来翟志刚自信有力的报告声，随后，"航天员王亚平""航天员叶光富"的声音依次传来。

"出发！"载人航天工程总指挥李尚福下达出征命令。

10月16日0时23分，伴随着巨大的轰鸣声，长征二号F运

神舟十三号航天员叶光富（左）、翟志刚（中）、王亚平（右）

神舟十三号飞船发射

载火箭托举着神舟十三号飞船，划破深秋的夜空，直刺苍穹。

火箭升空约 10 分钟后，"远望三号"船在任务海域成功捕获目标，天链二号 01 星和天链一号 03、04 星搭起了一条"信息天路"，向北京航天飞行控制中心持续发送飞船数据……

约 6.5 小时后，神舟十三号通过自主快速交会对接模式，对接于天和核心舱径向端口，与此前已对接的天舟二号、天舟三号构成四舱（船）组合体。翟志刚、王亚平和叶光富进入天和核心舱开始属于他们的太空生活。从这一天起，6 个月将成为航天员在空间站常态化驻留的周期；从这一天起，中国的载人航天工程将以此为起点，走向更加浩渺的深空。

11 月 7 日晚，神舟十三号的首次出舱任务开始了。

翟志刚是时隔 13 年后再次出舱，与神舟七号时相比，他这次舱门开得很轻松。他出舱后立即向地面报告："我已出舱，感觉良好。"王亚平接着幽默地说："我一会儿出舱，感觉良好！"叶光富也顺着这样的风格说："我下次出舱，感觉良好！"从太空传来的"感觉良好"令人动容，特别是王亚平尤为引人注目，因为她将成为中国首位进行出舱活动的女航天员。

空间站每 90 分钟环绕地球一周，出舱 6 个小时就要环绕地球4 圈，有人戏称王亚平是真正的"环球小姐"，这个说法看似浪漫，但其实并不简单。

航天员在舱外作业时，会受到太空失重环境和舱外航天服的影响，活动能力受限，这就需要在进行产品和任务设计时，充分考虑航天员能力特点变化。对航天员来说，需要在天上通过典型动作测试收集相关数据，帮助科研人员掌握他们的能力特性规律。所以，王亚平不仅要沿着舱壁攀爬转移至作业点，辅助翟志刚安装机械臂悬挂装置与转接件，还要站上机械臂，做向前倾、向左倾、向右倾、向左前倾、向右前倾等动作。

翟志刚开舱门的瞬间，镜头记录下了航天员、空间站和地球同框的画面，不少网友直呼"最牛合影"。王亚平出舱后，通过

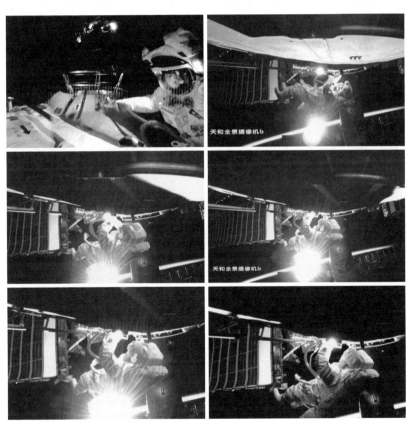

翟志刚出舱组图（一）

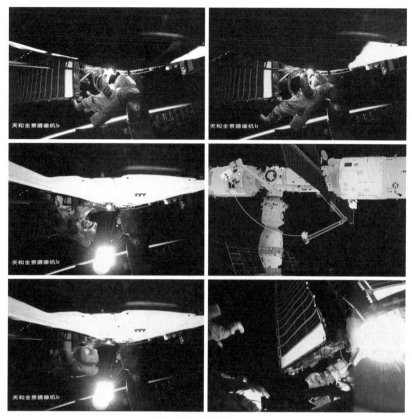

翟志刚出舱组图（二）

第一视角的视频可以看到，她的身后是美丽的地球，宇宙黑和地球蓝交替如大片一般。叶光富虽然没有出舱，但他在舱内配合支持队友开展舱外操作时，兴奋地鼓掌挥手。

在 6.5 小时的舱外活动中，翟志刚和王亚平在机械臂上安装脚限位器和舱外工作台后，在机械臂的支持下，相互配合开展了机械臂悬挂装置与转接件安装，舱外典型动作测试，舱外互助救援验证等作业，返回天和核心舱后，两人与叶光富激动地拥抱在了一起。

神舟十三号带给大家的期待有很多，最让孩子们盼望的就是他们熟悉的"太空授课"。神舟十号任务中，王亚平在聂海胜、张晓光的协助下进行了首次太空授课。8 年之后，"天宫课堂"再次开讲。

12 月 9 日，随着一个黄色陀螺旋转着出现在直播画面中，王亚平的声音在空间站中响起："太空探索永无止境，随着不断旋转的陀螺，我们已经从神舟十号任务，进入到了空间站时代。欢迎来到'天宫课堂'！"

这次 60 分钟的授课，航天员展示了空间站工作生活场景，演示了微重力环境下细胞学实验、人体运动、液体表面张力等神奇现象，讲解了实验背后的科学原理，与师生进行了实时互动交流。在水膜张力实验中，王亚平拿出和女儿一起做的折纸小花，微笑着说："看到这朵花，我就想到了我的女儿。"

12 月 26 日晚，神舟十三号航天员进行了第二次出舱活动，这次执行任务的是翟志刚和叶光富。这是翟志刚的第三次出舱，他因此成为了目前出舱次数最多的中国航天员。在之后的 6 个小时内，他们相互配合完成了全景相机 C 抬升、舱外作业点脚限位器安装及相关工效验证、携物转移验证等任务，验证了核心舱气闸舱、舱外航天服、机械臂的功能性能，考核了出舱活动相关技术、舱内外航天员协同以及天地协同能力。

在太空中的 6 个月，3 名航天员的"居家日常"画面陆续公开，

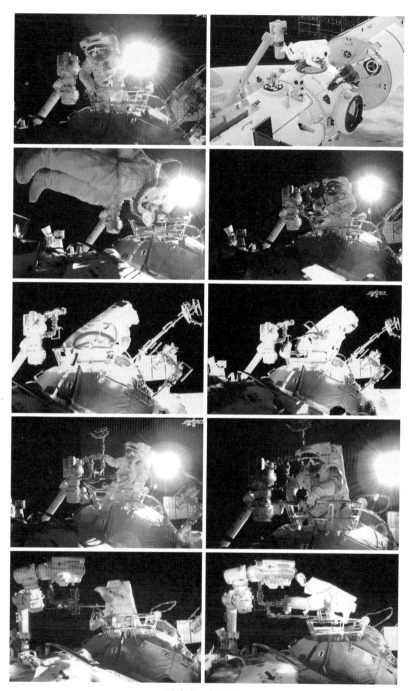

叶光富出舱组图

比如饭后一起收拾"厨余垃圾"，叶光富饮料洒出后用纸巾"擦空气"，翟志刚抽空打太极，王亚平和翟志刚化身"托尼老师"为叶光富理发，翟志刚头戴"免冲水神器"揉搓洗头，王亚平展示太空"免漱口"式刷牙……航天员们为大众展现的是一幅幅有趣而温馨的太空生活画面。在 11 月 14 日央视的"朗读者"节目中，他们深情地朗读了巴金的《激流》总序节选："我知道，生活的激流是不会停止的，且看它把我载到什么地方去！"

2021 年的金秋，我国中西部地区的孩子们在纸上勾勒出了自己想象中的火箭、飞船、空间站和神奇的太空生活，他们想把这些画送给正在执行任务的航天员们。为了圆孩子们的梦，一份"神秘礼物"搭上了飞向"天宫"的"天舟"。

2022 年 1 月 1 日，3 名航天员在新年这天开启了这份"神秘礼物"，他们被孩子们的梦想所感动，特意在空间站里举办了一次"天宫画展"，把这些作品展示给全国的观众朋友们……

作为空间站与来访飞行器交会对接的重要模式，手控遥操作交会对接是无人来访飞行器自动交会对接的备份手段。1 月 8 日凌晨，神舟十三号实施了一次手控遥操作天舟二号货运飞船与空间站组合体交会对接试验。试验开始后，天舟二号从核心舱节点舱前向端口分离，空间站内的航天员通过手控遥操作方式，控制它撤离到预定停泊点。经过短暂停泊转入平移靠拢段，控制货运飞船与空间站组合体精准完成前向交会对接。2 小时后，试验圆满完成。

由于此次任务在轨时间长，神舟十三号乘组在太空度过了春节和元宵节。贴春联、挂灯笼，喜庆的年画、红红的中国结……虎年除夕这天，3 位航天员把空间站精心装扮得年味十足，满心欢喜地准备辞旧迎新。

虎年零点钟声敲响的时刻，三位航天员视频连线央视的春晚现场。"龙骧虎步共迎春，逐梦飞天同守岁。"航天员们举着对联展示给大家，"祝大家新春快乐，身体健康，万事如意"；一袭红衣的王亚平亲切地祝福小朋友们"生龙活虎、茁壮成长"，祝愿伟大的祖国"福虎生旺、繁荣富强"；叶光富则拿着一张"福"字祝全国人民"新春愉快、阖家幸福"。春晚现场，有一个歌舞节目名叫《星星梦》，在参演的小演员中有一位是王亚平的女儿赵云熙，当王亚平出现在大屏幕上时，她激动地跳了起来，大声喊出了自己的心愿："妈妈，给我摘颗星星回来！"

元宵晚会上，王亚平用古筝弹奏了一曲《茉莉花》，将古老的琴声带到了九天之外。

伴随着春节的到来，三名航天员的在轨时间均已超过了 100 天，翟志刚和王亚平分别成为了当时在轨时间最长的中国男、女航天员。

3 月 23 日是神舟十三号在轨驻留的第 159 天，这天下午，"天宫课堂"的上课铃声再次响起。

"太空探索永无止境……"在镜头中，王亚平的面孔和声音又一次出现了，翟志刚和叶光富与她站成一排。同学们屏息静坐，等待着他们带领大家进入奇妙的失重世界。

结合刚刚闭幕的北京冬奥会，王亚平首先给大家做了一个太空"冰雪"实验，她拿出一个装有过饱和乙酸钠溶液的透明袋子，袋口连接着一根吸管。她小心翼翼地从袋子里挤出溶液，尝试几次后，在吸管口渐渐地形成一个透明液体球。"见证奇迹的时刻到了。"王亚平用沾有结晶核的棉棒轻轻碰触了下球体，仿佛施了魔法一样，透明球迅速变成结晶球。据王亚平说，这是因为乙酸钠溶液在温度较高的水中，溶解度非常大，很容易形成过饱和溶液。在这种溶液里，只要有一丁点儿的结晶和颗粒，就能迅速打破它的稳定性，析出大量晶体。在析出晶体时，还会释放热量，因此这是一个摸起来感觉热热的"冰球"。

为了给同学们更直观地演示液体的表面张力，王亚平紧接着做了另一个实验。她拿着两块透明的液桥板，让叶光富拿着装有饮用水的袋子向两块液桥板分别挤出一个水球。此时，地面课堂的同学们也在同步做着同样的实验。当液桥板上的两个水球越来越大，渐渐连接在一起时，她又将其缓慢地拉开，一座奇特的"液桥"搭建而成。

在接下来进行的浮力实验中，王亚平遇到了难题。她拿着一个小瓶子，里面装有两种液体：透明的水和黄色的食用油。王亚平和地面的同学们同时分别将各自手中的瓶子进行摇晃后，天上和地下出现了截然不同的现象。同学们手中瓶子里的液体渐渐形成分层，而王亚平手中的水油混合液还是没有产生变化。

充满节日氛围的中国空间站

　　"怎么办呢？"王亚平向地面课堂的同学们"求助"。

　　一位同学提议："使用旋转的方式，借助离心作用将水和油分开。"叶光富随即进行了演示，他将绳子系在瓶口，快速旋转瓶子。果不其然，不一会儿，瓶子里的混合液就分离开来了。

　　展示完太空奇妙的液体现象后，王亚平开始进行最后一项实验——太空抛物实验。这时，一个可爱小巧的"冰墩墩"闪亮登场，给大家表演了个"空翻"。早在半年前，"冰墩墩"就随着"神舟"飞船来到了空间站。王亚平将"冰墩墩"用手指轻轻一推，它慢慢地飘向了叶光富。叶光富接住后，又将其推向王亚平。"冰墩墩"在两人之间来回做着近似匀速直线运动。

　　"同学们，我所处的空间站实际上围绕地球飞行，那以你们的视角来看，'冰墩墩'做的还是近似匀速直线运动吗？"王亚平给同学们布置了一项课后作业。

实验结束后，王亚平和叶光富给同学们介绍了空间站的两个新科学实验柜——高微重力实验柜和无容器材料实验柜，并展示了前期在实验柜中进行的金属锆实验。叶光富告诉大家："科学实验柜是空间站开展科学实验的主要设施，等到'问天'实验舱和'梦天'实验舱发射入轨后，还将增加更多实验柜。到那时，中外科学家都可以依托实验柜来开展研究，中国的空间站将成为造福全人类的太空科学实验平台。"

一个小时的课程在天地互动中转瞬即逝，转眼就到了"下课"时间。"数风流人物，还看今朝！同学们，未来属于你们！"三名航天员给同学们送出祝福和期望后，对着镜头和大家依依惜别，挥手再见。

在 183 天的太空之旅中，空间应用系统的科学家们进行了许多生命科学实验。首先是在失重条件下，对心肌细胞的观测。通过基因重编程技术实验，将人体尿液中的肾上皮细胞转化成具有多种功能的干细胞，将干细胞转化为心肌细胞的实验，成功地在心肌细胞的收缩过程中，捕捉到标记的钙信号的闪烁过程，这是世界上第一次具体观测到失重条件下心肌细胞收缩过程。其次是国际上首次皮肤干细胞失重悬浮培养实验成功完成。在特制的培养皿中，细胞在太空悬浮条件下成功生存一个月，拓展了人们对于细胞生存条件的认知，有助于人类更好地突破生命限制。

6 个月的太空生活转瞬即逝，为了迎接下一批主人的到来，3

位航天员将设备器材分门别类归置到位，对舱内环境进行了清洁维护……当接到返回指令时，他们向天和核心舱敬了一个庄严的军礼，恋恋不舍地回到神舟十三号飞船的返回舱。

4月15日晚，内蒙古额济纳旗大漠深处。夜幕还未脱去华丽的外衣，漫天的星斗熠熠夺目。酒泉卫星发射中心搜救回收分队的车队浩浩荡荡开进戈壁深处的东风着陆场。

为使航天员能够更快更舒适地返回地面，神舟十三号首次采用了快速返回模式，由以往的11个飞行圈次压缩至5个飞行圈次，时间也由一天缩短到几个小时。

4月16日9时42分，穿过黑障区的返回舱主降落伞打开，湛蓝的天空中，红白相间的巨型降落伞牵着返回舱摇曳着缓慢降落，宛如娇艳花朵盛开在天地之间。随着"砰"的一声巨响，耀眼的橘红色火焰从返回舱底部喷薄而出，缓冲发动机点火成功。时隔17年，返回舱再次呈正立姿态平稳落地。翟志刚、王亚平、叶光富安全出舱后异口同声还是那句"感觉良好"。王亚平特意对着镜头告诉女儿："摘星星的妈妈回来啦！"当接他们的飞机回到北京，王亚平见到女儿时，掏出一颗金灿灿的"星星"递给女儿，兑现了为女儿上天摘星的浪漫承诺。

3位航天员用183天长久的坚持和努力，为神舟十三号任务画上了圆满的句号，我国空间站工程关键技术验证阶段的任务完美收官。

两天之后，中国载人航天工程办公室对外宣布，2022年内，中国还将发射"问天"和"梦天"实验舱、神舟十四号和神舟十五号载人飞船以及天舟四号和天舟五号货运飞船。

中国空间站即将进入建造阶段，载人航天工程又站在了新的起跑线上……

# 筑造天上宫阙

2022 年 5 月 9 日晚，海南文昌航天发射场，又迎来一个激动人心的不眠之夜。长征七号遥五运载火箭在阵阵涛声中巍然挺立，乳白色的船箭组合体上，五星红旗和"中国航天"4 个蓝色大字格外醒目。

5 月 10 日凌晨 1 时 56 分，撼天动地的轰鸣响彻海天，长征七号托举着天舟四号腾空而起。

按照任务规划，中国空间站进入建造阶段后，每半年要进行一次航天员乘组的轮换和货物补给。天舟四号是载人航天工程进入空间站建造阶段的首枚航天器，携带的 200 余件（套）货物将为神舟十四号航天员提供必要的物资保障。

作为我国空间站建造阶段的第一次载人飞行，神舟十四号任务的实施意味着，载人航天工程"三步走"战略第三步的关键之战打响了。

6 月 5 日清晨，初夏的酒泉卫星发射中心问天阁广场上，欢送的人群和媒体记者又一次翘首以待，盼望着神舟十四号航天员乘组的亮相。"五星红旗迎风飘扬，胜利歌声多么响亮……"随着《歌唱祖国》的旋律又一次在大漠戈壁上空响起，身着白色航天服的航天员陈冬、刘洋、蔡旭哲迈着稳健的步伐出现在欢呼的人群面前。细心的人们发现，他们三位全部是我国的第二批航天员。

6年前，38岁的陈冬第一次实现了飞天梦想。这一次能以指令长的身份第二次飞天，他自信地表示："我们一定会以满格的信心、满血的状态、满分的表现，坚决完成任务。"10年前，34岁的刘洋成为我国首位飞天的女航天员，出征时的靓丽身影、遨游太空的潇洒身姿至今令人难忘。10年之后，同样的地点、同样的季节，十年磨一剑的刘洋的梦想就是再一次把祖国的荣耀写在太空。今年46岁的蔡旭哲是第一次执行任务，他除了盼望体验太空失重的感觉之外，更期待能亲身见证"太空家园建成的那一刻"。

神舟十四号航天员蔡旭哲（左）、陈冬（中）、刘洋（右）出征

出征的时刻到了，随着总指挥李尚福的一声"出发"令下，中华民族向着寥廓太空的又一次远征开始了。

神舟十四号意义非凡，可以说是一次"圆梦之旅"，它的任务主要是完成以天和核心舱、问天实验舱和梦天实验舱为基本构型的天宫空间站建造，建成国家太空实验室。在长达6个月的太空之旅中，航天员乘组面临构型多（经历9种组合体构型），状态新（要操控小机械臂和组合臂，从问天舱气闸舱实施出舱），任务密（实施5次交会对接、3次分离撤离、2次转位、2—3次出舱，各次任务环环相扣）等挑战。虽然任务繁重而艰巨，但任务间隙也充满期待。他们将在空间站里赏月度过浪漫的中秋；他们将用独特的方式为新中国的73周年华诞祝福；他们还会在天上迎来神舟十五号乘组的到来……几代中国航天人、亿万中国人梦想中的"天宫画卷"，正在缓缓拉开帷幕。

7月24日午后，在海滩、椰林之间目睹火箭发射的人们，热情更胜骄阳，为中国航天又一次壮举纵情欢呼。飞行在空间站组合体中的神舟十四号航天员，正满怀期待地迎接空间站新成员的到来。

随着这次发射的成功，问天实验舱露出了它的容颜。国内最大的单体航天器、国内最大面积柔性太阳翼、首次验证双自由度对日定向……问天实验舱创下的一连串"首次""之最"，让世界看到了中国航天走高水平自立自强之路的决心。

作为中国空间站第二个舱段和首个科学实验舱，"问天"的

神舟十四号飞船升空

神舟十四号飞船升空

发射至关重要。对以天和核心舱、问天实验舱和梦天实验舱为基本构型的天宫空间站来说，问天实验舱的升空以及后续与天和核心舱对接形成组合体，意味着中国"天宫"又完成一个关键的建造节点。

问天实验舱是世界上在轨飞行的最重的单舱主动飞行器。总长 17.9 米，最大直径 4.2 米，发射重量达 23 吨，体形相当于一节地铁车厢，由工作舱、气闸舱及资源舱 3 部分组成。其中，工作舱用来做科学实验，气闸舱用来支持出舱，资源舱用来储备上行物资。

对 3 位航天员来说，问天实验舱的到来犹如"新房上线"。完成对接后，空间站的"床位"将增加到 6 个，可以满足神舟十四号、神舟十五号两个乘组 6 名航天员的"太空会师"。

7 月 25 日凌晨 3 时左右，问天实验舱经过 13 个小时的飞行后，追上了天和核心舱组合体。以往，航天员进入太空都是"舱等人"，航天器在轨等待航天员的到访。问天实验舱此次对接，是第一次"人等舱"，而且等来的还是 20 吨的大家伙。3 时 13 分，问天实验舱成功对接于天和核心舱前向端口，这是我国空间站第一次在有人状态下进行交会对接。完成交会对接的 7 小时后，10 时 03 分，陈冬打开舱门，进入问天实验舱，随后，刘洋和蔡旭哲也相继飞了进来，一系列繁忙工作由此展开。

问天实验舱携带了 8 个实验机柜、22 个舱外载荷适配器，仿佛把一个大型科学实验室搬到了太空。除了科学实验，航天员将按计划开展组合体姿态融合控制、小机械臂爬行和大小臂组合测试等在轨工作，并利用问天实验舱气闸舱和小机械臂进行出舱活动。

神舟十二号和神舟十三号航天员都是通过天和核心舱前部的节点舱出舱，但由于节点舱空间小，出舱前需要关闭各个对接通道的舱门，进行大量准备工作。为了让出舱活动更为便捷，问天实验舱配置了一个供出舱人员专用的气闸舱。这个气闸舱的视觉效果十分独特。外方内圆的它，是空间站系统唯一一个看上去是方形的舱体。里面的圆柱状结构，是开展出舱活动时的"更衣间"，航天员在这里做出舱准备和舱外返回时，可以更舒展、更从容。未来，这里将成为整个空间站系统的主要出舱通道。出舱气闸有一个直径达1米的大门，航天员能够携带大个头的设备出舱，舱外工作能力大为提升。

问天实验舱上配置的实施精准"投送"的机械臂，虽然是一只仅有5米长的"小臂"，但却有着7个自由度，其小巧、精度高，方便抓取中小型设备，进行精细操作。开展工作时，这只"小臂"与核心舱的"大臂"连成15米长的组合臂后，就可以覆盖空间站的各个位置，在天和、问天、梦天三舱组合体之间活动，可控制的舱外范围更大。

同前几次任务相同的是，神舟十四号乘组也将在问天实验舱里，为孩子们带来新一轮的"天宫课堂"。

众所周知，向日葵向阳而生，是因为花盘下孕育着植物生长素，让它追逐太阳、自由生长。问天实验舱内也有一种让太阳翼实时追踪太阳的特殊"生长素"，那就是配置在实验舱尾端的大型对日定向装置，主要负责驱动太阳翼转动以及舱内外能源的传输，是空间站工程立项初期最先提上日程的关键技术之一。未来空间站建造完成后，舱内各类科学仪器、有效载荷，包括维持航天员生命系统的重要设备所需要的电能，都要依赖它从舱外向舱内进行传输，可以说是空间站名副其实的"能源卫士"。

7月28日，在随问天实验舱发射4天后，大型对日定向装置完成一系列在轨性能测试，成功实现双自由度对日定向。

为了保障空间站的用电需求，问天实验舱配置的大型柔性太阳翼单翼长度为27米、面积达138平方米。驱动起这两个太阳翼在太空中流畅"画圈"，全天候接收来自太阳光的照射，并非易事。如果我们单手拿一把27米长的"芭蕉扇"，并以手腕为圆心做360度旋转，就需要手腕具有很强的承重能力和转动力量。对日定向装置就相当于人的手腕，需要带动起138平方米、600千克的太阳翼持续旋转、稳定对日，还不能发生运动卡滞，这对研制工作而言是个巨大挑战。为此，研制团队设计了一套"分布式回转支撑驱动传动方案"，可以确保在高低温热胀冷缩产生变形的情况下，依然能够支撑驱动机构流畅转动，带动两个巨型太阳翼实时跟踪太阳。研制人员还给对日定向装置加上了一层"控温外套"，保障它在长期的极端高低温外部环境下，始终处于适宜的温度范围。

太阳翼总面积超过276平方米，整翼长55米，但却只有打印纸那么软，任何的轻微振动都能让它晃悠摆动。如果转动不平稳，将导致空间站姿态控制出现困难。为此，一套"大柔性高稳定伺服控制系统"应运而生，这套量身打造的控制方案，让太阳翼能够"长袖善舞"。当太阳电池翼受到外界干扰而导致抖动时，对日定向装置的控制系统就会非常灵敏地察觉，并进行"快速安抚"，像"太极推手"一样化有形于无形，在不到30秒的时间内，将太阳翼弹性振动能量及时耗散，给空间站以"稳稳的幸福"。

为了万无一失，问天实验舱还具备核心舱多个关键系统的备份功能，这对空间站安全稳妥的建造具有重大意义。

自6月5日进驻空间站组合体以来，神舟十四号航天员乘组已在轨工作生活了88天，先后完成了货运飞船物资转移、问天舱平台在轨测试、科学实验机柜解锁与测试、小机械臂解锁与在轨测试、空间站组合体管理等工作，开展了在轨医学检查、失重防护锻炼、空间科学实（试）验等日常工作，进行了在轨紧急撤离演练、小机械臂操作、医疗救护演练等在轨训练项目。

9月1日这天，乘组状态良好，空间站组合体运行稳定，具备开展本次飞行中的第一次出舱活动条件。此次出舱活动中，三名航天员分工明确，由陈冬、刘洋开展舱外作业，这是他们首次执行出舱活动任务；蔡旭哲在核心舱内配合支持，共同完成问天实验舱扩展泵组安装、全景相机抬升、舱外自主应急返回验证等任务。

15时48分，航天员关闭问天舱段间舱门，随后航天员陈冬、刘洋先后穿着好"飞天"舱外航天服，进行出舱前各项准备工作。

目前在中国空间站内，共有红色、蓝色、黄色三套舱外航天服。在此次任务前，它们已经经受了神舟十二号、神舟十三号两批航天员乘组共4次出舱任务的考验。本着延长舱外航天服的在轨使用寿命的原则，此次出舱中，陈冬穿蓝色舱外服，刘洋穿黄色舱外服，从而平衡了三套舱外航天服的使用频次。此外，他们身穿的舱外航天服上还留有已出舱乘组人员的签名，代表他们曾使用这套服装出舱。

18时26分，陈冬成功开启问天实验舱气闸舱出舱舱门。19时09分，陈冬、刘洋成功出舱。这是航天员首次从问天实验舱气闸舱出舱。

从问天舱气闸舱出舱，不同于从核心舱节点舱出仓。问天舱气闸舱的出舱口被设计在面向空间站的"下方"，航天员从气闸舱出舱像是从上往下"钻"，出舱后看到的景象也会不同，之前

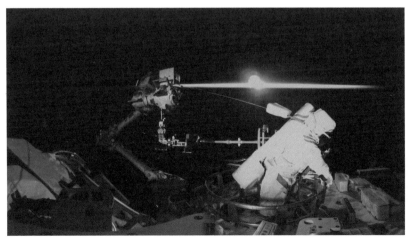

神舟十四号航天员首次出舱

从节点舱出舱，航天员先看到的是星空，这次先看到的是地球的景象。

9月2日0时33分，经过约6小时的出舱活动，陈冬、刘洋、蔡旭哲与地面工作人员天地间周密协同、舱内外密切配合，先后完成了问天舱扩展泵组安装、问天舱全景相机抬升、舱外自主应急返回验证等任务，全过程顺利圆满，检验了航天员与小机械臂协同工作的能力，验证了问天实验舱气闸舱和出舱活动相关支持设备的功能性能。

完成出舱活动期间全部既定任务后，陈冬、刘洋安全返回问天实验舱，出舱活动取得圆满成功。

2022年9月17日，神舟十四号航天员乘组实施了第二次出舱活动。中国人的"太空之家"再次迎来高光时刻。这次出舱距离上一次仅仅16天，创造了中国航天员两次出舱活动间隔时间最短纪录。

神舟十四号乘组的第二次出舱实现了两个"首次"，分别是首次安装问天气闸舱舱外助力手柄，以及首次进行舱外救援验证。

11时11分，刘洋关闭问天舱段间舱门，陈冬和蔡旭哲开始在气闸舱进行出舱准备。13时35分，蔡旭哲打开问天气闸舱出舱舱门。出舱后，他立刻向地面报告："03已出舱，感觉良好！"这是蔡旭哲的首次出舱。就在蔡旭哲打开出舱舱门的一瞬间，问天实验舱上的全景摄像机捕捉到曙光初现、太阳升起的绝美画面，留下出舱时刻"名场面"。由于问天实验舱气闸舱出舱口朝向地球，航天员上半身探出出舱口时，头顶便是地球，看上去如同"倒立"

在地球上方。此次任务中，蔡旭哲要登上小机械臂。在陈冬的配合下，他先是完成了脚限位器和舱外工作台的安装。之后，通过小机械臂的支持，又完成了舱外助力手柄和载荷回路扩展泵组的安装工作。这是问天实验舱上安装的第二个扩展泵组。

15 时 33 分，陈冬也成功出舱。作为乘组的指令长，这是他的第二次舱外行走，他在问天舱的外壁进行爬行，辅助机械臂上的蔡旭哲共同完成任务。

在舱外期间，陈冬和蔡旭哲还进行了航天员的首次舱外救援演练。出舱过程中，一旦一名航天员出现失去行动能力的情况，另一名航天员就可以将他搭救回气闸舱。但在空间站移动过程中，两名航天员以何种方式连接最合适？主动施救者应该如何拖拉，使被救的航天员不至于磕碰到舱壁？施救的航天员如何抓握扶手最高效可行？这些都需要在舱外环境下进行验证，以真正筑起航天员舱外安全防线。

陈冬和蔡旭哲在舱外操作时，刘洋在核心舱内对他们进行支持。完成全部既定任务后，陈冬和蔡旭哲回到气闸舱出舱口，在刘洋的引导下完成气闸舱负压。

18 时 51 分，刘洋为陈冬、蔡旭哲打开段间舱门，迎接两名战友回到问天实验舱。此次任务仅用时约 5 个小时，比预定时间提前了一个多小时，可谓全程顺利圆满。

这次出舱活动进一步检验了航天员与小机械臂协同工作的能力，验证了问天实验舱气闸舱和出舱活动相关支持设备的功能和性能。之后，神舟十四号航天员乘组将持续开展空间材料研究、高等植物培养等空间科学实（试）验项目。

按照计划，中国载人航天工程2022年还有3次发射任务，分别是梦天实验舱、天舟五号货运飞船和神舟十五号载人飞船的发射。其中，梦天实验舱已于8月完成研制，已运抵文昌航天发射场……

2022年的中秋节，神舟十四号航天员乘组是在空间站度过的。为了让他们这个中秋过得温馨，地面支持团队几个月前就精心准备了中秋食品，除了月饼和美味佳肴之外，航天员还首次享用了他们在太空中种植的蔬菜。他们出征时携带的菜种，已经长成两株绿意盎然的"太空菜"，陈冬还用摄像机拍摄了太空中的月色，通过视频的方式向地球家园和亲人同胞送上最真挚的祝福和问候。在9月10日的中秋晚会上，三名航天员向全球华人送上了问候。伴着音乐，刘洋隔空送上了一颗"幸运星"，它"穿过"舞台上的"浩瀚星空"，来到演员手中……他们表示，会继续精心操作，把后续的每一次任务，都完成得像中秋圆月一样圆圆满满！

"……如果有人问我，祖国是什么？我会告诉他，祖国是航天员最牵挂的远方。'问天'托举起民族的脊梁，'梦天'擎起了复兴的臂膀，日月辉映的天宫啊，筑成中华民族腾飞的殿堂……"2022年10月1日清晨，伴随着初升的红日，遥远的太空中传来了航天员刘洋的声音。这天是中国航天员第一次在太空度过国庆节。祖国和人民用智慧的双手把航天员送上了太空，在为伟大祖国感到骄傲的同时，神舟十四号乘组也格外地思念家乡和亲人。繁忙的工作间隙，刘洋就想用一种特殊的方式表达他们对祖国的感谢和祝福。

"在这举国欢庆新中国成立73周年的日子，我们正在中国空间站执行任务，非常思念祖国和亲人，我为大家朗诵一首作家兰宁远创作的诗歌《我用星光把祖国点亮》，祝愿伟大的祖国生日快乐，山河壮丽，青春永驻，歌甜花香！" 这天，陈冬和蔡旭哲也分别在空间站内录制了视频发回地面，以不同的方式表达对祖国的思念。陈冬朗诵了他自己创作的诗歌《祖国梦》；蔡旭哲当起"太空导游"，向大家描绘了他在天上看到的祖国大美山河……

从太空传回的视频中，观众看到三位航天员身体健康、精神饱满。伴随着他们深情的朗读和生动的描绘，亿万中华儿女听出了新时代中国航天员的心声："浩瀚宇宙构筑家园，我与祖国血脉相连。亲爱的祖国啊，我们在天宫为您祝福，是您给我们插上翅膀，让我们飞天梦圆昂首启航，我们愿向着和平的方向，乘风破浪激情飞扬，用星光编织新时代最壮丽的诗行！"

这个动人的场景让很多人不由得想起了不久前举行的那次"天宫对话——神舟十四号航天员乘组与非洲青少年问答"活动。9月6日那天，来自非洲8个国家的青少年代表与远在太空的神舟十四号乘组进行了视频连线。三位航天员就孩子们关心的话题，和他们进行了深入交流。陈冬描绘了他看到的浩瀚壮观的宇宙景象，并介绍了一名优秀航天员应具备的身体素质、心理素质和专业技能。作为中国首位女航天员，刘洋讲述了家庭的温暖和支持给予她的无穷动力，告诉大家女性完全可以像男航天员一样完成航天员训练考核和工作任务。蔡旭哲结合他的工作实践讲述了如何在太空中辨别方向，以及如何开展各类科学实验。"星空之路始于脚下"，活动最后，他们勉励非洲青少年认真学习，勇敢探索太空奥秘。

"天地一心，向前一步，虽然充满了艰辛和挑战，但每前进的一小步，都是梦想的一大步，中国空间站永远值得期待！"随着刘洋和战友们越来越多地在浩瀚太空留下他们的声音和身影，全体华夏儿女和他们一起分享了伟大祖国带给大家的梦想和荣耀。

问天实验舱与天和核心舱对接后，空间站整体呈现"一"字构型组合体。在轨两个月后，问天实验舱将通过平面转位90度，让原本对接在节点舱前向对接口的问天实验舱转向节点舱的侧向停泊口并再次对接，从而腾出核心舱的前向对接口，为梦天实验舱的到访做好准备。这将是我国首次航天器在轨转位试验，也是国际上首次以平面式转位方案进行航天器转位的探索尝试。

问天实验舱转位成功后，将与天和核心舱形成"L"字构型。"梦天"发射前一个月，"问天"由前向对接口转位到侧向对接口，空间站整体呈现"L"字构型。"梦天"对接"天和"前向对接口后，再转到另一个侧向的对接口，空间站整体将呈现"T"字构型。也就是说，三舱位于同一平面，两个尺寸、质量特性大体一致的实验舱对向布置，形成"T"字的一横。"梦天"就位后，空间站运营阶段的任务随之开启。此后，"问天"作为生物实验室主要执行生命科学实验，"梦天"作为物理实验室主要做物理和材料科学实验。

10月12日午后，"天宫课堂"的铃声又一次在中国空间站响起。和前两次不同，这次太空授课是在全新的"太空教室"——问天实验舱举行。16时01分，3名航天员打开舱门依次进入问天舱。"太空探索永无止境，同学们好！很高兴在问天实验舱与大家继续探索科学奥秘！"随着陈冬的声音传到千家万户，"天宫课堂"的第三次太空科学之旅正式开启。蔡旭哲当起摄像师，陈冬、刘洋则当起了问天实验舱的"导游"。

"与天和核心舱不同，问天实验舱里的睡眠方向是纵向的。在地面我们没办法竖着睡觉，但在太空微重力环境下，任意方向睡眠的感觉都是一样的。"睡眠区、厨房、卫生间……刘洋边飞边展示介绍，"问天实验舱具备独立支撑乘组在轨生活的能力和完整的控制系统，如果核心舱遇到紧急情况，问天实验舱可以作为整个空间站的核心接管控制空间站。"

陈冬告诉大家，作为空间站首个科学实验舱，问天实验舱里部署着功能各异的科学实验柜。能够提供密闭洁净操作环境的科学手套箱、满足 $-80℃$ 储藏条件的低温存储柜和被称为"动植物太空旅馆"的生命生态实验柜等科学实验柜在陈冬的介绍中相继亮相，让同学们大开眼界。

带领大家参观完问天舱之后，大家期盼已久的太空实验开始了。

水是最常见的流体，也是太空授课的"老朋友"。这次，航天员老师再次用水开启了天地对比实验。陈冬将三根不同粗细的塑料管插入装满水的培养皿，几根塑料管中的液面先后迅速上升到管顶。陈冬说，这是因为太空没有重力束缚，表面张力作用会驱动液面迅速持续地上升。"这个简单的实验涉及复杂的原理。科学家就是通过研究这些看似简单的现象，利用背后的原理去解决问题。比如航空器的燃料贮箱、空间热管都利用了毛细作用。"刘洋进一步解释道。

一个月以前，9月9日那天，来自全国13个省市30余所学校的学生参与到一项拟南芥"从种子到种子"的全生命周期实验中，他们与太空中的航天员一起种下了拟南芥种子，并天地同步进行观察记录。他们把这些拟南芥亲切地称作"小南"。

10月12日，同学们把精心栽种了一个多月的"小南"带到了地面课堂，向航天员老师汇报了"小南"的生长情况。孩子们说，经过基因编辑的早开花种子的开花期真的提前了很多。"非常棒！给你点赞，小小科学家。"陈冬竖起大拇指。随后，他佩戴上混合现实眼镜，让同学们跟随他以第一视角观察空间站中已经移入手套箱里的"小南"，并剪下了"小南"的植株，放入冻存管。这些采集下来的植株将存放在低温存储柜中，由航天员带回地面进行科学研究。

一个个精彩的实验显示出太空环境的特别，让同学们感受到了深邃宇宙的别样魅力。

自从入驻空间站以来，刘洋每天都要折一颗纸星星，放进来自地球的一只"漂流瓶"。如今，瓶中已装满了小星星。授课即将结束时，她对同学们说："希望你们心怀山海，眼有星辰，仰望星空，脚踏实地，共同创造更加精彩的未来！"话音未落，她张开双手，随着五颜六色的星星飞向空中，五彩斑斓的梦想也飞进了每一个孩子们的心中。

此次"太空授课"画面清晰流畅、天地互动"无缝衔接"，离不开我国中继卫星系统的强大支撑。

2013年，成功实现三星组网的第一代中继卫星系统，顺利保障了第一次"太空授课"。2021年至2022年，第二代多颗中继卫星又圆满保障了三次"天宫课堂"。9年时间里，我国中继卫星系统的运行更加成熟、技术手段愈发先进，这次授课过程中，"天链一号"03星和"天链二号"01星搭建起了一条天地往返的"信息天路"，为实现地面与舱内航天员之间话音、图像的双向传输，提供了稳定可靠的数据传输支撑。

就在这次"天宫课堂"开讲前不久，一系列令人振奋和期待的消息接踵而来。10月4日，中国载人航天工程办公室宣布，我国第四批预备航天员的选拔开始启动，预计有12—14名预备航天员将会飞天圆梦；10月9日，空间站梦天实验舱在发射场完成了推进剂加注；10月11日，执行天舟五号飞行任务的长征七号遥六运载火箭安全运抵文昌……

"长五"飞虹送"梦天"，"天和"拥聚九霄巅。10月31日午后，长征五号运载火箭又一次点火升空，犹如一条巨龙，托举着空间站梦天实验舱一飞冲天。

梦天实验舱是中国空间站的第二个科学实验舱，全长 17.88 米，直径 4.2 米，重达 23 吨，由工作舱、载荷舱、货物气闸舱和资源舱组成，主要面向微重力科学研究，配置有 13 个标准载荷机柜和流体物理、材料科学、燃烧科学、基础物理以及航天技术试验等多学科方向的实验柜，还有供航天员进行抗阻锻炼的相关设备。舱内装载的 600 多台电子设备的元器件、新产品的基础材料和工艺基本都实现了国产化，200 多个软件配置项均为自主研发，可以说是名副其实的"中国智造"。

梦天实验舱发射入轨后，于 11 月 1 日 4 时 27 分成功对接于天和核心舱的前向端口，整个交会对接过程历时约 13 小时。

对中国空间站的建造来说，2022 年 11 月 3 日是极为重要的一天。9 时 32 分，空间站梦天实验舱顺利完成了转位，标志着中国空间站"T"字基本构型在轨组装完成，向着建成空间站的目标迈出了关键一步。至此，中国空间站建造进入了收官阶段。

15 时 12 分，神舟十四号航天员乘组进入梦天实验舱。不久后，他们将在空间站内迎接天舟五号货运飞船和神舟十五号载人飞船的到来。届时，神舟十四号和神舟十五号两个航天员乘组将完成中国航天史上的首次航天员乘组在轨轮换。

将于 2022 年年底进行的神舟十五号载人飞行任务，是空间站建造的收官之战。航天员乘组由三名男航天员组成，人数没有增加，却面临着更为繁重的任务，除了要实施多次出舱活动之外，还要进行舱内载荷设备组装、测试和调试工作，以及操控机械臂实施舱外载荷安装。同时，还要对三舱三船最大构型组合体进行运行管理和维护。

当2023年神舟十五号任务完成后，以天和核心舱、问天实验舱和梦天实验舱为基本构型的天宫空间站才算建造完毕，国家太空实验室将正式建成，长期、多领域、大规模空间科学与应用研究，也将随之展开。此后，中国空间站将转入长达10年以上的应用与发展阶段，航天员将实现长期在轨驻留。目前的计划是，从2023年起，每年发射2艘载人飞船和2艘货运飞船。国家太空实验室将持续开展大规模的空间科学实验与技术试验，有望在宇宙起源演化、物质本质规律、人类太空长期生存等前沿科学上取得重大发现和科学突破；预期突破和掌握高精度时频系统、太空智能制造、新一代信息、新材料制备等自主可控的关键核心技术，将有力推动生物、能源、医药、材料、信息等产业发展，为解决国家重大战略需求和经济社会发展做出独特贡献。

到那时，竣工后的"天宫"既是航天员的"太空之家"，也是科学研究的"太空实验室"，将为人类开展深空探索储备技术、积累经验，为人类探索宇宙奥秘，和平利用外太空，推动构建人类命运共同体做出积极贡献。面向未来，我们已经启程！中国载人航天事业面对的将是更为辽阔的星辰大海。

# 尾声：中国"天宫"欢迎你

"九天之际，安放安属？"

"日月安属？列星安陈？"

诗人屈原在他的长诗《天问》中发出的旷世之问，求索穿越了几千年，终于在新时代的中国航天人手中由梦想变成了现实。如今，站在迈向民族复兴的新起点，作为建设创新型国家的重要标志性工程，中国载人航天工程迎来了而立之年。

茫茫宇宙，繁星璀璨，星辰大海，征途万里。从无人到有人、从一人到多人、从短期停留到中长期驻留、从舱内实验到太空行走、从一日往返到半年驻留……三十载岁月，从立项至今，14艘神舟飞船，天宫一号目标飞行器，天宫二号空间实验室，空间站天和核心舱、问天实验舱，天舟系列货运飞船……中国载人航天事业自力更生、攻坚克难，一步一个脚印，逐梦空间站时代。三十年来，中国航天人始终不懈努力、奋力拼搏，以自立自强的科学精神，用一个个坚实的脚印，不断跨越发展，交出了一份让国人振奋、令世界赞叹的精彩答卷。

党的十八大以来的十年，中国航天人"探索浩瀚宇宙，发展航天事业，建设航天强国"，不懈追求着自己的航天梦。天宫遨游、嫦娥揽月、天问探火、北斗泽天下……一个个中国骄傲被送入浩瀚宇宙，奏响了航天强国建设的崭新乐章。

目前，天宫空间站是国际空间站之外唯一的空间站，是面向全世界开放的科学合作平台。早在正式搭建之前，我国就向全世界发出了登上"天宫"的邀请函。未来，"天宫"的功能还会更加完善，能够给全人类的宇宙研究提供更多的帮助。中国空间站向全世界开放，展现了中国航天越来越强大的实力，同时也是我们作为一个负责任的大国的职责所在。

"梦天"飞天，"天宫"梦圆，中国航天事业又站在了一个新的起点。一条属于中国航天的未来之路徐徐铺开，中国人的飞天梦将更加高远。

2022 年 10 月 31 日，梦天实验舱发射